EXPLORING THE COMMON FUTURE
OF MANKIND AND FUNGI

開拓人類與

真菌

的共同未來

鄧銘澤——著　潘鑽霞——繪

推薦序一

黃錦星 GBS JP
前環境局局長

鄧銘澤博士 2016 年的著作《一菇一世界：菇菌趣味新知》，以輕鬆筆觸開拓讀者眼界，認知菇菌的大千世界。再接再厲，鄧博士經過七年養精蓄銳，2023 年的新書名為《開拓人類與真菌的共同未來》，筆觸保持輕鬆，深入淺出，同時嘗試回應全球共同面對的沉重挑戰，如氣候變化、糧食危機及廢物泛濫。

全球氣候變化，引致各地極端天氣頻仍，影響世界糧食供應。書中第七章「菇菌與世界糧食趨勢的不謀而合」，正好應對民以食為天的關注，分析菇菌食材可保低碳、保護環境、保健強身等，邁向理想的未來食物！文中亦溫提源頭減廢仍是重中之重，大家要多多珍惜食糧，「咪做大嘥鬼」！

要減緩氣候變化，減廢減碳是大勢所趨。書中第九章，形容真菌為分解垃圾的修復師。我以香港的 O‧PARK1（有機資源回收中心）為例，它 2018 年起全面運作，在厭氧環境下利用真菌等，將廚餘轉化為生物氣，是為可再生能源，產電又減碳。O‧PARK1 設有具教育意義的訪客設施，當中有立體動畫，揭示轉廢為能的趣味新知，片中見眾多「菌先生」生動演出，勤於分解廚餘！歡迎公眾免費預約到訪。

各地氣候行動，包括公佈各自的「碳中和」目標和時間表。書中第十章，鄧博士就構想真菌與「碳中和」的契合。2021 年公佈的《香港氣候行動藍圖 2050》，力爭 2050 年前實現「碳中和」，減碳路線圖重點包括：零碳發電、節能綠建、綠色運輸和全民減廢。與此同時，需推動人才培育、科技突破、全民惜食減廢等，多管齊下，配合氣候行動，邁向「碳中和」。

鄧博士相信，真菌相關研究的人才培育及科技突破，可以充滿驚喜，深具意義，關係人類的共同未來。大家閱讀《開拓人類與真菌的共同未來》，不但可見更多趣味新知，而且可學習低碳又健康的生活，共同以行動開拓可持續發展的未來！

推薦序二

林超英
香港天文台前台長

感謝鄧銘澤博士讓我早大家半步看到《開拓人類與真菌的共同未來》，為我打開一扇窗看世界，認識生命世界的一個新維度，發現我們一知半解的真菌在人的生命中所佔的分量，進一步感受自然的神奇和美妙。

香港市面教人「賺錢」的書多，雖然看後真賺錢的人不多；幫香港人以全球格局看世界的書很少，其中以生物作為起點更是鳳毛麟角，但是這些才是香港最需要的書，讓困在小小香港裡天天營營役役的人們，感應世界的多元和自然的遼闊，舒緩生活壓迫感，也能夠在知識的基礎上，更懂得生活的竅門。看這樣的書，所得比賺錢更多。

《開拓人類與真菌的共同未來》正是鳳毛麟角的好書，以堅實的科學資料為基礎，逐步為我們解說：真菌是什麼？在地球歷史裡，它們怎樣調節地質與生物的演化，和促進生物從海中登陸？在人類歷史裡怎樣影響過人的生存、生活和靈性發展？在當今的世界，真菌又怎樣為人類搞出來的各種災禍提供解決的希望？翻完本書，相信讀者們都會得益，以及覺得雖然目前人類形勢險惡，未來卻不是全無希望。

天地玄黃，宇宙洪荒，地球初期是死物世界，30多億年前才在海中出現微小的生物如細菌，再經過悠長歲月，微小的生物發現群居對生存有利，而形成體型較大的生物，隨後再演化為非常複雜的「食物鏈」和「生態系統」。但是我們在城市長大，自小習見人造的世界，不知來龍去脈，以為人類是世界的中心，殊不知人類是地球的後來者、生物界的小兄弟，借用法律的語言，我們的存在全靠前輩生物發了一個生存許可牌照

而已，沒有生物如真菌，人類根本不會存在。

十分可惜，過去數十年，城市人的錯誤思維愈演愈烈，視所有其他生物為敵人，想盡辦法驅趕殺害，結果是愈搞衛生，奇形怪狀的情況愈多，其中霉菌是例子之一，令不少香港家庭煩惱，如果你碰到這個問題，就必須看看本書。

喜歡《開拓人類與真菌的共同未來》，因為它以真菌這個側面印證我長期以來的想法：人類和地球上所有生物其實是遠房親戚、兄弟姊妹，通過數十億年的共同演化，形成「你中有我、我中有你」的互利共生大局。對任何生物，切忌一見就起殺念，宜盡量守住「慈悲為懷、感恩為本」之心，因為它們往往會在不經意處為我們的生存出力。

感謝鄧博士費盡心力，寫這本給普通人看的真菌書，科學普及絕非易事，沒有深度寫不成，沒有廣博寫不出。鄧博士糅合「深」與「廣」，在有限篇幅裡把真菌的輪廓精心描繪出來，內容基本上在教科書之外，貼近最新科學發展，但中學程度的讀者都看得懂，除了認識真菌，還能夠掌握廣闊的世界觀，重新看自己的生活，實在難得，謹向廣大讀者誠心推薦。

推薦序三

詹志勇 BH JP
香港教育大學研究講座教授
（地理及環境科學）

本書作者鄧銘澤博士，在真菌學方面積累了 20 多年的研究、實踐和教學經驗。在對真菌學的深入探索中，他發現了一個值得注意的知識鴻溝：關於真菌對生物和非生物進化的關鍵角色。他運用大量最新科學文獻資料，敘述地球的演化歷史、自然界的關係、人類文明的推演和文化的由來，都無一不與真菌有關，是一部時空跨越，開創並啟發式的作品。這本書包含時間觀和世界觀，成功地融合了跨學科和廣泛的知識、洞察力和願景。

作者以真菌作為故事的主軸，為讀者呈現了一個全新的視角，感覺新鮮。我特別欣賞作者在描述真菌這一主角的手法，形容它是開啟可持續未來的關鍵之一，是一把的鑰匙、通往未來的一扇窗，不要錯過「它」，讓人期待著真菌能夠幫助我們突破許多看似不可解決的問題，例如糧食、農業、廢物、能源和資源等等，找到解藥，緩解種種危機。我認為這也提醒我們需要更努力開拓其他可能性，才能看見未來！

書中結語對於 2045 年未來的想像，包括 AI 大流行、「碳中和」的進展、深偽技術的普及和人類對科技的愛與恨等等，既期待也擔憂，這也強調我們必須做好未來趨勢的預測，未雨綢繆。

此外，透過書中的例子，發掘真菌潛能的同時，也側線啟發自己、追求心中理想、發掘自我潛能和好好紮根，加強與他人協作，構建起強大的網絡（就像真菌菌絲一樣），隱含一些人生哲理，這亦是書中的另一亮點。

這本書以公民科學風格編寫，對於專家和非專家都具有很高的可讀性。深奧的真菌學已成功呈現在一個個有趣且引人入勝的故事中，充滿了知識淵博的科學家的深刻見解，提出了對地球和人類更美好的遠見希望。

大力推薦本書給每一位喜歡科學、歷史、人類學、生態學和未來學的讀者。

推薦序四

張展鴻
香港中文大學人類學系教授

本書《開拓真菌與人類的共同未來》的作者鄧銘澤，從多角度討論真菌和人類社會的互動關係，為讀者提出一個關於人與物共存的啟示，特別是在剛走過三年疫情衝擊下的社會現狀中，為大眾帶來一個非常有建設性和深入的了解和思考。

我是科學研究的門外漢，顯微鏡下世界的陌路人，但對書中有關真菌學的歷史發展和民族飲食文化相關的討論，特別獲益良多。因為從文化人類學的角度，我們也經常參考民族植物學的觀點，就各處民間草藥的收集和應用的獨特性，從生活需要和地域資源在長期互動過程中衍生出來的生存智慧和知識是如何傳承的，尤其關注。簡單來說，民族植物學的主要研究範圍是記錄、描述和解釋人類在文化上（及日常生活實踐）與各種地方植物之間的關係，並著重於研究植物如何在人類傳統社會中被使用、認知及保育，應用方面則包括食品、衣著、貨幣、宗教儀式、醫藥、染料、建築及化妝品等。

而本書第三章的民族真菌學角度，不但使讀者明白到它既承接了民族植物學的學理傳統，而且啟發我們對日常生活中接觸到的中草藥例如靈芝、金蟬花、冬蟲夏草等，有新的認知和了解。書中第四章和飲食文化相關的部分，作者清楚明確地梳理了真菌如何被發展和確立成為提升鮮味（Umami）的食材，世界各地如何食用和怎樣利用其特性來配合不同食材的經驗。真菌在餐桌上的美食地位，更使我回憶起多年前遇見的雲南朋友向我推介乾巴菌、黑虎掌菌和雞油菌時的興奮，但也不其然對近年內地出產的松茸、牛肝菌、羊肚菌、黑松露等帶來的國際貿易紛爭產生思考。

所以本書不單是真菌愛好者的理想參考書，更重要的是對真菌和人類的共存方向作出提問和反思。

第一章　真菌，地球演化史的重要驅動者

第二章　共生與網絡：真菌揭示的演化奧秘

第三章　神奇蘑菇造就的人類意識與文明

錯過真菌我們會
錯過了什麼？

來到 21 世紀，我們仍然在問幾條非常根本的問題：我們從哪裡來？往哪裡去？我們又該如何準備未知的未來？從事真菌研究 20 多年，這些問題，穿越人類歷史，穿越地上與地下，亦穿越科學與人文範疇，一直陪伴著我。

20 多年前，我有幸在香港大學與著名的真菌學教授 Kevin Hyde 結緣，被他引領進入知識的海洋。我們當時的實驗室醉心於真菌的多樣性研究，每個研究生都會集中研究一個範疇，例如棕櫚科真菌、草類真菌、淡水真菌、紅樹林真菌、腐生真菌、病原真菌等等，基本上全都是一般人未曾聽聞的物種。我們除了研究它們在形態上的特徵之外，也研究它們的核酸基因排序，並將我們發現到的資訊，放進世界基因庫中。這些訊息之所以重要，源於它們是貫通生命之源的知識橋樑。靠著這些資訊，我們才得以在「菌物生命樹」(The Fungal Tree of Life) 這浩瀚的知識地圖上填補空白，重建地球的「生命之樹」，換言之，才有機會了解地球上各種生命的演化歷史。時至今日，美國國家基因庫上有 2.4 億個核酸序列，這些資訊由不同領域的研究成果匯集而來，科學界稱之為「演化訊息學」。

我們從哪裡來？地球早期的諸多生命是何般模樣？關於地球生命的源起、萬物的歷史與智慧，這些具備哲學意涵的人生問題，我正是在很多人視為複雜沉悶的科學研究裡，特別是真菌研究裡，找到無限線索。

科學界至今的認知是，真菌是第二大真核生物，生物多樣性極為豐富，而且它們已經在這個世界存活超過十億年了。這些年來，真菌經歷極端寒冷期 (結束於 6 億 3,500 萬年前)、恐龍

滅絕期，在地球每個角落都能夠找到其蹤跡：從南北極冰凍的天地、熾熱的沙漠、高壓的海床、充滿核輻射的土壤、高毒素的環境、極酸性、極鹼性、高鹽度，甚至外太空也可能難不到真菌。它們身體裡儲下的生存智慧，實非我們所能想像。

至於未來將會怎樣，我並不知道，但可以肯定的是，氣候危機將會是我們需要面對的日常：極端天氣、其所造成的饑荒和糧食安全問題、人們流離失所、物種滅絕，在此不贅。聯合國以及科學界都已經提出一整個光譜的方案，解釋如何建設可持續發展的未來，那如何將其中一些辦法付諸實行，將另一些辦法勇於嘗試，再鼓勵拓荒者天馬行空地為人類開拓新的視野？這些都是通往更好的未來的關鍵。

而在這宏大的未來討論之中，20 多年的科學研究讓我看見，真菌，可謂其中一個開拓新思維的媒介，一道突破人類知識界限的鑰匙。

真菌一直推動人類文明

回首過去，真菌一直有份參與驅動整個文明走向。五萬年前，真菌已開始被應用於人類醫藥，對治人類疫病。至一萬年前，人類開始懂得用真菌來發酵食物，不但有助在匱乏環境下保存食物，更從此開拓出無數新味道，當中有部分更是現代生活不可缺的飲料和調味，比如醬油、日本酒、味精等。在古代神話故事中，我們亦會找到真菌的蹤影。這是因為真菌可以改變人類感知狀態的神秘特質，讓它被應用於鬼神祭祀，塑造各地民族的靈性與宗教經驗。真菌跟人類文明密不可分，在我們知悉

以先，早已滲透在我們的衣食住行每一個環節裡。真菌這些低調的蹤影，我都在書中詳細談及。

來到近代，真菌依然發揮著形塑世界的角色。單說醫學界，很多個劃時代的醫學研究發展，真菌都是幕後的大功臣。就以一般人較熟悉的諾貝爾獎來舉例。亞歷山大・佛萊明（Alexander Fleming）於上世紀 40 年代發現青黴素（Penicillin）有助治療各種傳染病，這發現的重要性，便使他奪得 1945 年的諾貝爾醫學獎。同一時期，喬治・比德爾（George Beadle）和愛德華・塔特姆（Edward Tatum）在 1958 年奪得諾貝爾醫學獎，便是因為他們在 1941 年透過研究脈孢菌（*Neurospora crassa*）的遺傳和代謝，突破了科學界對遺傳學的認知。說近一點的話，2006 年的諾貝爾化學獎得主羅傑・科恩伯格（Roger Kornberg），其研究對象是酵母菌，他發現了酵母菌基因所攜帶的訊息可以如何被複製。同樣是借助酵母菌的突破性研究，還有日本細胞生物學家大隅良典借助酵母菌來了解人體細胞自噬機制，因而成為 2016 年的諾貝爾醫學獎得主。

為什麼醫學家、生理學家會以酵母菌為研究對象？正是因為真菌是構造相當簡單的生物，當明白到它們的細胞對藥物的反應機理，便可以推演到其他生物，理解更大範圍的代謝機制，這是為什麼我形容，真菌是人類文明中一扇窗口、一道鑰匙。酵母菌於 1996 年是第一種生物被寫進基因圖譜冊，如今，世界各地的科學家已經合作完成 1,000 個真菌基因圖譜的序列，作為其他研究的基礎參考數據。

真菌之重要，亦在於他們是生命之樹最大的分支之一，身兼分解者、病原體和共生體的多重角色，亦是全球碳循環的重要生物組成部分。這是何以真菌對人類生活和生態系統功能都有莫大影響。為了人類的可持續發展，我們實在需要準確地了解它們如何在自然和合成群落中相互作用，如能善用其特性，將它們用於工業、能源和氣候管理方面，將對人類有莫大裨益。這些，我會在書中第九和十章詳細談到。

真菌培植的民間運動

真菌的無限潛能，甚至也早已不僅是學術圈內的離地討論。事實上，在一班真菌愛好者的積極推動之下，真菌近年在歐美可是掀起了熱潮，蔚為社會現象。2008 年，研究了真菌 40 多年，一直積極向大眾推廣蘑菇培植的保羅・斯塔梅茨（Paul Stamets），便在 TED Talk 發表了「真菌拯救世界的六種方法」的講座。講座在十多年內賺得超過 800 萬點擊率，可謂將真菌帶到了公眾視野。在我看來，斯塔梅茨的演說方式，或者是有點將真菌英雄化，將它們說成是可以拯救世界的救星，這敘事方法相當具美國荷里活特色。但他的演說內容，乃是建基於紮實研究和觀察，是以亦不可隨便抹殺他的發現和觀點。但與其說斯塔梅茨重視的是研究，不如說他更重視應用，而且很成功。斯塔梅茨號召所有人自己在家 DIY 栽培真菌，透過培植食用菌種，將被人類棄置的咖啡渣、豆渣、木屑等廢棄物，轉化為食物。正因其方法簡單而成熟，一般人都可執行，帶起了無數人對培植真菌的熱誠。

至 2006 年，亦算是同一脈絡的彼得・麥考伊（Peter McCoy）
再成立了激進真菌學（Radical Mycology）組織，他的目標
是創造一個「大家的真菌學運動」，訓練一班無國界激進真菌學
家，分享真菌應用技術，讓大眾發掘人類與真菌合作的新方
式。在這想像底下，知識就像菌絲一樣擴散開去，一傳十、十
傳百、百傳千。的而且確，在這兩人的感染之下，對菇類討論
有興趣的生態愛好者、有意應用創科生物材料的設計師、推廣
使用咖啡渣來種菇的環保人士、必須學點植物病理常識的樹藝
師、園藝師及農夫，都共同參與到這場民間運動當中。這班業
餘研究者的力量，雖然不及科學界嚴謹，但他們的行動力非常
高，補充了不少科學家在學院面對的限制。

後來在 2019 年，Netflix 有一套講述真菌的紀錄片 *Fantastic
Fungi*，由對真菌甚為狂熱的著名導演路易斯・史瓦茲斯伯格
（Louie Schwartzberg）所執導。紀錄片結合了縮時攝影、
電腦合成影像和訪問，不單視覺上引人入勝，更概述了真菌的
生長，在環境的角色及多種用途。斯塔梅茨亦是片中其中一位
受訪者。紀錄片後來成為 Netflix 上的推介作品，廣受關注，
甚至傳到來香港。去年在香港關注真菌的網絡社群上，便有熱
烈討論。

真菌是被忽略的超級科學

可惜的是，即或如此，真菌學至今仍像是一個「被忽略的孤
兒」。過去 30 年間，不少科學家以分子生物學推算，認為全
球的真菌品種應該在 350 至 510 萬之間，這數目比早期真菌
研究的殿堂級學者霍斯維夫教授（David Hawksworth）在

1991 年估算的 150 萬種為多。然而我們現在已發現和描述的真菌，其實只有大概 16 萬種，即佔當中的百分之三至五。換言之，真菌不單經常被大眾排除在認知範圍中，甚至更在人類的知識地圖以外，許多品種甚至從未被命名。在聯合國教科文組織認可的科學類別裡，真菌學甚至不曾作為一個單獨學科出現，只常被歸納於「植物學」之下。而且在世界上真菌學者亦非常稀有，政府或非政府的相關職位欠缺，大學也甚少聘請真菌學者。認真研究真菌的學者出路悲慘，以致這個領域乏人問津。

可是，就這 16 萬種中，科學家已漸漸發現它們可能是驅動人類未來生活的良方，可以是疾病的解藥、糧食危機的解決辦法、讓農作物生產量有所突破、幫助處理廢物問題、資源能源問題等等。真菌把我們推進許多疑問的界限，而且都能一次又一次的衝破。借用霍斯維夫教授的說法，真菌學可謂是「被忽略的超級科學」（A Neglected Megascience）。

研究真菌學 20 多載，我非常希望政府認同這個學科的重要性，大力支持基礎研究，讓菌物學產業化，探索及開拓真菌的無限可能。惟要邁向人類與真菌的共同未來，面向公眾的科普教育同樣不可少，是以我亦一直從事教學工作，多次受訪，持續舉辦菇菌考察團。今次著書，是我繼續踐行科普教育的嘗試。環視科學界，至今仍然未有廣泛討論真菌在地球演化歷史中的角色，過去二三十年只有零碎研究和假說；離開學院，在華文界的公共視野當中，關於真菌的書籍更是缺乏，僅有的大陸或台灣地區的菇類科普書籍，大多數都是以野外觀察為主軸、附以圖鑑的工具書，都未能把真菌的應用與大眾連結在一起。是

以在此書中，我嘗試大膽地以多角度整理資料，期望為讀者呈現一個新的格局和思考。

期望透過真菌這道窗口，我們可以更好地明白自己的過去，認識生存於這地球的同伴，同時可以在這地球上，創造有益於人類與真菌的共同未來。

第一章

真菌，地球演化史的
重要驅動者

- 真菌起源之謎
- 陸地生態系統之促成
- 哺乳類動物崛起的關鍵
- 完成物質的循環迴路

◉ 真菌起源之謎

原杉藻

1　https://prehistoricearth.
fandom.com/wiki/
Prototaxites

既然說到真菌那麼厲害又重要，那麼，究竟真菌是何時出現的？早期的生存方式是什麼？在 45 億年的地球歷史上，真菌早期扮演了什麼角色？

別以為隨著科技發展，人類已經鉅細無遺地把大自然掌握到手裡。事實上，人類是來到近年，靠著技術的改善，才稍為揭開到地球生命源頭的面貌，且還在新線索中持續累積新知。

通常要考察一種生物何時在地球出現，追溯牠們在地球的歷史，除了基因研究，最重要的證據還是化石；地質研究是重建所有生物譜系的重要一環。可是，化石通常是在偶然及極端情況下才被保存下來的，本身就難以完整地呈現過去的面貌；而且真菌的身體構造，包括其菌絲、孢子、子實體（即我們看到的菇菌）大多都無比幼細脆弱，亦很容易分解掉，這是為什麼要在地下掘到真菌的化石證據非常困難，真菌譜系研究在地質考察裡近乎長期空白。

幸好也不是連一塊化石都找不著。

一塊1843 年發現、保存得相當好的原杉藻（*Prototaxites*）化石讓我們得知，早在四億年前的地球上，即泥盆紀晚期，便存在著這一種大型陸生真菌。它是盤菌、蟲草、炭角菌的「親戚」，其子實體相當粗壯，形成類似樹幹的結構，直徑達 1 米，高度更可達 8.8 米，相當於兩層半大廈。而當時，地球最高的植物為頂囊蕨，高度也僅僅得 1 米，其他陸地生物也只是一些小型的無脊椎動物。這原杉藻之巨大，無論是相比起當時的其他動植物，還是今日我們常見的細小蘑菇，都神秘得如同科幻情景，難以想像。[1]

這也解釋了為什麼原杉藻曾經被誤以為是樹木。1857 年，加拿大地質學家約翰‧威廉‧道森 (John William Dawson) 便曾以為這化石樣本是屬於部分腐爛的松柏門植物組織，而上面則附生了正在分解組織的真菌。直至 1872 年時，蘇格蘭植物學家威廉‧卡魯瑟斯 (William C. Carruthers) 才對這理論提出質疑，認為原杉藻是藻類，而根本不是植物，其學名「第一個紫杉」(*Prototaxites*) 應該要更名為「絲狀的藻類」(*Nematophycus*)。再直到 2001 年，美國國立自然史博物館的弗朗西斯‧休伯 (Francis Hueber) 終於提出證據，表明原杉藻實屬一種真菌，他的理論後來再獲其他科學家提出證據支持。[2]

按這發現，真菌在地球上至少有四億年歷史，跟原始魚類、原始植物、貝類和珊瑚同期出現在地球之上。

去到 2019 年，科學界又有了新的發現。來自比利時列日大學的古生物學家科倫丁‧洛倫 (Corentin Loron) 及其團隊，在加拿大西北北極地區考察時，在附近的頁岩發現了類似孢子的球體；又利用紅外光譜測量到常見於真菌細胞壁的一種甲殼素——幾丁質；他們還利用電子顯微鏡觀察到真菌的多種細胞結構，包括 T 字型分支、隔膜絲狀體與雙層細胞壁結構，推論出該化石為真菌，並確認那化石來自 9 至 10 億年前。這是科學界近年重大的生命史發現，將真菌年齡推遠了接近一倍。[3]

2　Hueber, F.M. (2001). Rotted wood-alga-fungus: the history and life of *Prototaxites* Dawson 1859. *Review of Palaeobotany and Palynology*, 116 (1), 123–158. https://doi.org/10.1016/S0034-6667(01)00058-6

3　Loron, C. C. et al. (2019). Early fungi from the Proterozoic era in Arctic Canada. *Nature*, 570, 232-235.

類似孢子的球體

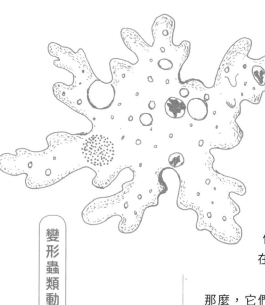

變形蟲類動物

另外還有個疑似真菌化石值得一提。其中一個是在南非翁格萊爾（Ongeluk）玄武岩裂隙中發現的一些絲狀物，形成於大約 24 億年前的海底。然而，這個化石樣本仍有很多疑團，包括不大清楚這種生物攝取營養的方式和來源，而且有別於一般真菌，它是一種厭氧生物。[4]

未來，還會否有其他考古發現和研究證據，再一次更新真菌的年齡？我相信是有的。但至少，我們現時知道的是，在 9 至 10 億年之前，真菌已經在地球上出現了。

那麼，它們是經什麼演變而來，在遠古時期又是怎樣生存的呢？

2020 年，加拿大英屬哥倫比亞大學植物系教授瑪麗・伯比（Mary Berbee），一位研究真菌演化的世界級頂尖學者，結合化石證據、分子系統學和分子鐘的方法，交出了她的估算。據這團隊的理解，十幾億年前的古代真菌是一種可自由游動的、單細胞變形蟲類動物，在那個時候以「吞噬」的方式進食比它體型較小的生物。然後這種最原始的變形蟲類古真菌，花了幾億年時間，由單細胞「吞噬性」演化成為單細胞「滲透性」來攝取營養，即是以分泌細胞外酶，在體外分解營養。

讓我解釋一下這演化的好處：吞噬性的細胞要進食，需要揀選體形比自己細小的食物，才能把對方吞噬到體內然後消化掉。但後者則脫離了以往的限制，可以在體外分解食物營養，而這也成為真菌與植物及其他生物後來建立共生關係的基礎。

其後，單細胞滲透性的古代真菌又再花了幾億年，從淡水生境演化至陸地，漸漸演化成多細胞生物。[5]

4　Bengtson, S. et al. (2017). Fungus-like mycelial fossils in 2.4-billion-year-old vesicular basalt. *Nat. Ecol. Evol.*, 1,141.

5　Berbee, M.L. et al. (2020). Genomic and fossil windows into the secret lives of the most ancient fungi. *Nat. Rev. Microbiol.*, 18, 717–730. https://doi.org/10.1038/s41579-020-0426-8

◉ 陸地生態系統之促成

那真菌出現了又怎樣？它們在早期的地球扮演了什麼角色呢，和其他生物的關係是怎樣的？植物和動物，是人類較熟悉的生物，亦是生物的其中兩界（Kingdom），而原來真菌對於這兩界的形成，亦有著重要的形塑角色。

先來說真菌對植物的影響。

在五億年前的古生代奧陶紀下，史上第一棵陸地植物出現了，那是地球的生命史上其中一個重要的轉折點。從此之後，隨著植物呼吸而進行光合作用，地球氧氣增加、二氧化碳減少，古生代的氣候明顯改變，植物簡直是重新設定了地球的恆溫器。亦由於植物儲存了碳、把岩石磨碎生成更多土壤，加速岩石風化，更帶動了多方面地球元素的調節。在陸地植物的影響下，地球成為了一個更宜居的地方，各種爬行動物、哺乳動物在往後幾億年得以相繼在陸地上生存與擴展起來，整個陸地的生態系統開始成形。

而值得留意的是，是什麼驅動植物登陸陸地，使荒涼乾枯的陸地漸漸變成青蔥多樣的色彩？這故事中還有個常被人忽略的關鍵角色：真菌。

地衣：真菌與藻類的結合

據估計，還沒有地衣和陸上植物的早期陸地上，到處沙塵滾滾，土壤生態系統非常乾燥，養分被鎖住於岩石之中。而當時地球空氣中的二氧化碳含量亦高（當時是 >1,000ppm；現時大約是 420ppm），氣溫變動較大。可以想像，植物要移居至陸地，

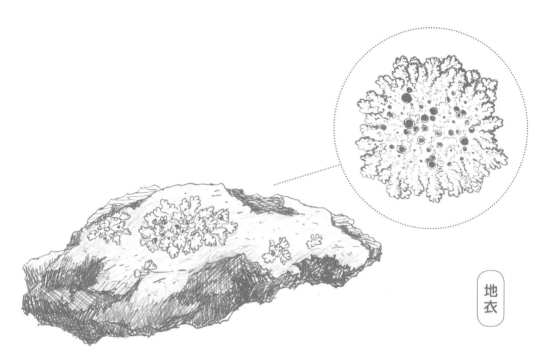

地衣

有點像現在要移民去火星一樣困難。至於原始生命，包括藻類、
貝類、珊瑚，和其他水生無脊椎動物，在水中生活接近 30 億
年，亦習慣了在水中攝取所需的氣體和化學物質。若要離開注
滿水的環境，就必須發展出一種新的機制，支撐身體，也須防
止身體乾涸，並且發展出一種能夠交換氣體的能力，才能在陸
地活得下去。

那是什麼最先改變了陸地的嚴酷環境，驅動古生代氣候的變
化？是地衣還是植物先登陸陸地，幫助創造了稍為宜居的條
件？這是科學界持續的爭辯。這問題的意義，在於不同論述均
會影響我們理解兩種生物在地球發展史的地位，拼湊出不同的
地球起源故事。但最有趣的是，其實兩個論述，都跟真菌相關。

其中一個觀點，說的是陸上很引人注目的古老生命——地衣。
地衣出現於大約六億年前，廣泛分佈於陸上自然棲息地，從地
球的南北兩極到沙漠中心、從熱帶到高山，都有其分佈。它們

通常生長在荒蕪甚至極端的環境，比如是裸露的岩石上。由於它們的體內含有酸性物質，當岩石上的地衣一路新陳代謝，岩石隨之而被化學性風化，然後也經歷物理性風化。當這些被分解的岩石物質，與腐朽了的地衣或其他腐植質混合一起，便逐漸形成土壤，其他生命得以在其上成長。作為創造土壤的重要生命之一，地衣也因此被譽為「拓荒者」。其重要功能在於一直影響全球大約佔 5-7% 的碳循環。

而地衣是一種怎樣的生物呢？與其說它們是個體，其實更是由一種真菌和藻類合成的生物複合體。真菌提供高濃度的可溶性礦物鹽，給藻類細胞存活；而共生藻則通過光合作用，向真菌提供碳素營養。這種互惠共生現象，使每個地衣體都形成了一個獨立的生態系統。

2014 年，兩位哈佛大學學者埃里克・霍姆（Erik Hom）及安德魯・默里（Andrew Murray）便嘗試把兩種生活史截然不同的生物──酵母和藻類放在一起，發現在特定條件下，環境變化會誘導自由生活的物種成為專性共生者，最後結合起來，並彼此依賴。幾天之後，他們得出了一個柔軟的綠色圓球。在這之前，這兩種生物可不曾共處一起。[6]

那為什麼它們會突然發展出這樣緊密的關係？聯合共生的好處，就是有能力適應陸上嚴酷的環境，利用僅有的資源生存。於是地衣也可以理解為與藻類形成自給自足的生命形式的真菌。在現時人類已知的真菌當中，約 16% 會進行地衣化，以地衣的形態生存。

外生菌根菌

6 Hom, E.F.Y., Murray, A.W. (2014). Plant-fungal ecology. Niche engineering demonstrates a latent capacity for fungal-algal mutualism. *Science*, 345(6192), 94-98.

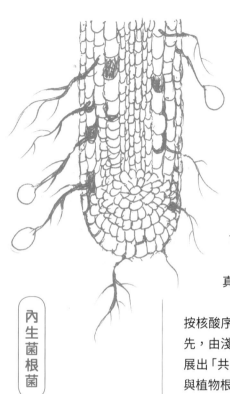

內生菌根菌

菌根真菌：植物的必選伙伴

直至 2019 年，這起源故事又有了新的說法。幾位美國演化生物學及地衣專家，利用分子系統學和分子鐘的校準，估計出幾個演化支的年齡，顯示地衣的起源相比最早出現的植物——維管植物較晚。這個論述暫時否決了一直廣泛流傳「地衣在維管植物之前已經登陸陸地」的假說，在這新定義下，以前一直被低估的初期陸上植物，成為新的故事「主角」。

可是，無論演化次序如何，現時學術界普遍認可的共識是，植物還有個必選的生存伙伴：菌根真菌。菌根真菌，可謂所有陸地生命的根源。[7]

按核酸序列分析的證據顯示，當這些初期陸地植物群的共同祖先，由淺水淡水湖向陸地過渡時，開始與其中一種古老真菌發展出「共生」關係。這種古老真菌便是「菌根真菌」，而由它們與植物根系形成的共生關係，便叫作「菌根」關係。

要詳細闡明菌根關係的話，有些菌根真菌會纏裹植物的根部外圍（屬於外生菌根菌），與寄主植物的根際土壤形成關聯；有些甚至會走進根部的細胞生長，在根部裡面形成稱為叢枝的分枝菌絲（屬於內生菌根菌）。在這緊密的關係之中，植物會透過光合作用合成葡萄糖，提供葡萄糖中的碳給真菌，餵養它們；真菌則會吸收泥土裡面，植物無法自行吸收到的氮和磷等養分，輸送給植物，以幫助植物生長。正如人缺乏了腸胃裡的微生物便無法消化食物一樣，假若沒有真菌，植物對著土壤裡面的各種礦物，其實也是無計可施，吸收不到的。

而且真菌也不只是替植物傳送基本的生存資源，還有重要的抗壓調節作用。真菌作為信號傳導者，可以快速回應外界的刺激，

7　Nelsen, M.P., Lücking, R., Boyce, C.K., Lumbsch, H.T., Ree, R.H. (2019). No support for the emergence of lichens prior to the evolution of vascular plants. *Geobiology*, 18(1), 3-13. https://doi.org/10.1111/gbi.12369

刺激植物分泌化學物質，使植物迅速防禦入侵的病菌。可以想像，這功能有如擔當起大廈的保安員，配備先進的通訊設備，和大廈的住客緊密溝通。這樣下來，真菌便有助植物適應環境壓力，繼而有助穩定整個植物群落了。[8]

托比・基爾斯（Toby Kiers）等科學家在 2011 年更闡明了，植物可以醒目地識別出最好的真菌伙伴，並以更多的碳水化合物獎勵對方，而真菌伙伴亦會反過來通過轉移養分，只跟那些提供更多碳水化合物的宿主植物根部合作。他們得出的結論是，在這種共生關係裡，植物絕對不會「奴役」真菌。相反，為了尋求穩定的互惠關係，植物與真菌會互相提供最佳的合作模式，讓彼此都能得到最佳回報，成為最佳拍檔。[9]

可補充的是，這菌根關係，跟構成地衣的藻類和真菌又有些不同。地衣中的兩種生物結合在一起時，會構成一個全新的身體，形體並不像藻類或真菌任何一方。但在菌根關係之中，植物和菌根真菌都還保留了各自的身體形態，好處是雙方能各不影響，互展所長：一方面植物有木質素，有利於在陸地支撐身體，向高空發展，吸收光能，進行光合作用，製造真菌需要的碳水化合物；另一方面真菌最擅長的是發展絲狀網絡，吸收植物所需的營養元素。所謂天作之合，就是如此。

返回遠古時期，在水生植物首度登陸陸地之時，菌根真菌是否已經跟隨左右？我們還未完全掌握。由於早期化石記錄存在重大的時間差距，科學家還未能完整解釋這些化石線索。僅知的是，2000 年，有科學家於美國威斯康辛州發現了來自奧陶紀古騰堡地層的化石菌絲和孢子。這種真菌的定年大約是 4.6 億年，是球囊菌門家族的成員——可與陸生植物形成菌根關係的類別，且屬於內生菌根真菌。因此，我們知道最早期的真菌屬於內生菌根真菌，後期才演化出外生菌根及其他類型。[10]

8　Parniske, M. (2008). Arbuscular mycorrhiza: the mother of plant root endosymbiosis. *Nat. Rev. Microbiol.*, 6, 763-775. https://doi.org/10.1038/nrmicro1987

9　Kiers, E.T. et al. (2011). Reciprocal rewards stabilize cooperation in the mycorrhizal symbiosis. *Science*, 333(6044), 880-802. https://www.science.org/doi/10.1126/science.1208473

10　Redecker, D., Kodner, R., Graham, L.E. (2000). Glomalean fungi from the Ordovician. *Science*, 289(5486), 1920-1921.

說到這裡，應該大致上明白真菌對植物的重要性了。2017 年，英國列斯大學的科學家米爾斯（Benjamin J. W. Mills）及菲爾德（Katie J. Field）更用了電腦模擬的方式來重組當年這個變化。他們的研究進一步確認了植物和真菌之間的共生關係，證明真菌在古生代時期的確有重要的角色，促進了地球的碳與磷的吸收與循環，驅動了古生代向高氧氣、低二氧化碳及溫和氣候的長期轉變。[11] 返回 21 世紀，今日地球上 92% 的陸生植物都是與菌根共生的（當中 72% 為內生菌根，2% 為外生菌根，1.5% 為杜鵑花菌根，10% 為蘭花菌根）。除非那種植物是另類營養專家，例如是肉食性或寄生性的，又或者是棲息地專家，例如是水生植物和附生植物，否則基本上都需要依賴真菌才能生存下去。[12] 我們平日想起一棵植物時，或者不會留意這些低調的真菌對它們的重要性，但真菌是植物的生存伙伴，毋庸置疑。

對筆者來說，這種研究不但有助於理解古代的氣候，更對地球面對的氣候危機有著更深的意義：如何以真菌逆轉二氧化碳上升及氣候暖化的宿命？這部分我會在其後的第十章詳細談及。[13]

11　Mills, B.J.W., Batterman, S.A., Field, K.J. (2017). Nutrient acquisition by symbiotic fungi governs Palaeozoic climate transition. *Phil. Trans. R. Soc. B.*, 373(1739), 20160503. http://dx.doi.org/10.1098/rstb.2016.0503

12　Brundrett, M.C., Tedersoo, L. (2018). Evolutionary history of mycorrhizal symbioses and global host plant diversity. *New Phytologist*, 220(4), 1108-1115. https://doi.org/10.1111/nph.14976

13　Beerling, D.J. (2019). Can plants help us avoid seeding a human-made climate catastrophe? *Plants, People, Planet.*, 1(4), 310–314. https://doi.org/10.1002/ppp3.10066

◉ 哺乳類動物崛起的關鍵

第二個真菌形塑地球生命演化史的證明，關乎真菌與動物的關係。這聯繫到一條問題：生物演化至今，世界有 6,000 多種現存的哺乳動物，表現出非凡的形式和生物多樣性，並且成為食物鏈的頂層。但為何位居頂層的是哺乳類動物，而不是爬行動物呢？

這便得追溯到 6,600 萬年前的小行星撞地球。

據考古發現，大約在 6,600 萬年前的白堊紀－古近紀，地球曾經遭受希克蘇魯伯小行星的猛力撞擊。這隕石撞擊事件令當時大多數動物與植物都集體滅絕，是動物演化史上的五次大滅絕之一，亦稱恐龍大滅絕。

恐龍大滅絕

但這滅絕不是在一瞬間發生的。隨著大隕石擊下，引發了巨大的海嘯、火災，無數動植物固然直接死亡；同時大量大氣塵埃和煙塵被翻起，嚴重阻擋了地球表面接收陽光。結果是全球降溫、光合作用在幾年內幾乎停止、食物鏈被嚴重破壞，動物的生存條件明顯艱苦多了。[14]

在此以後，存活下來的爬行動物，要獲取營養、要繁殖，尤其遇上重重挑戰。皆因作為變溫動物，牠們體內沒有調節溫度的機制，平日都得依靠曬太陽去提升體溫，才能進行覓食、餵養、消化等活動。是以當氣候變冷，牠們的活動能力便被削弱。相比之下，哺乳動物體溫較高，在較冷的環境裡亦能夠活動自如，便成為了牠們在這階段的顯著優勢。而且爬蟲類動物的性別比例，亦很容易受環境溫度的影響而失衡，比如當氣溫下降 2°C，海龜蛋便會較多孵化出雄性海龜；性別失衡，雄性氾濫，自然減低了整個物種的繁殖潛力。

14　Schulte, P. et al. (2010). The Chicxulub asteroid impact and mass extinction at the Cretaceous-Paleogene boundary. *Science*, 327(5970),1214–8. https://doi.org/10.1126/science.1177265

除此之外，還有個更低調的角色在進一步影響其他生物的存活機率。沒錯，便是真菌了。當地球冷卻，陰暗的光線及充滿大量有機物的環境，都為同屬真菌的菇類與霉菌提供了絕佳的生存條件，開始大量增殖。

那它們怎樣影響其他生物呢？一方面，當大量植物因缺乏陽光而死亡，菇類則變成幸存的哺乳動物和爬行動物的重要食物來源，而且還是不錯的食物。先不談味道，菇類亦很有營養。它們的細胞壁富含可以刺激免疫功能的「β- 葡聚醣」，哺乳類動物食用後，免疫力便能有所提升。[15] 但另一方面，霉菌亦成為了無數動物，尤其是爬行動物的剋星。科學家曾經計算出，最有效防止真菌感染的溫度為 36.7° C，非常接近哺乳類動物的體溫。一般而言，在 27 至 40°C 之間，溫度愈高，能夠感染動物的真菌種類就愈少，大概是每升 1 度則減少約 6%。而 36.7° C，正是剛剛好能避免大多數真菌的感染，同時又不需要進食更多食物來提供熱能以維持體溫。哺乳類動物溫暖的體溫，遂保護到自己及牠們的胚胎，免受霉菌的侵害。

但爬蟲類便沒那麼幸運了。當太陽光線受滿天塵埃阻擋，牠們的卵便更加容易受到霉菌感染。考古學家亦曾在恐龍蛋化石中發現過菌絲化石，證明爬蟲類的卵曾經被真菌穿透和感染。而且也不只是卵，當缺乏紫外線，連同成年的爬行或兩棲動物亦都會患上霉菌疾病。這逐漸形成了一個惡性循環，爬行動物因難以覓食，便愈來愈容易營養不良，當營養不良，便會更容易感染真菌傳染病而邁向死亡。

所以，在這此消彼長的趨勢之下，更多哺乳類動物存留了下來。特別是體型較小的，例如短喙針鼴（Short-beaked Echidna）和一些有袋類動物。牠們光靠地面上的碎屑已能獲取足夠的營養，讓牠們更有生存優勢。[16] 這批幸存者，於是成為了隨後的古新世時期物種的重要代表，在食物鏈中向上移動，

15 Casadevall, A., Damman C. (2020). Updating the fungal infection-mammalian selection hypothesis at the end of the Cretaceous Period. PLoS Pathogens, 16(7), e1008451. https://doi.org/10.1371/journal.ppat.1008451

16 Hughes, J.J., Berv, J.S., Chester, S.G.B., Sargis, E.J., Field, D.J. (2021). Ecological selectivity and the evolution of mammalian substrate preference across the K–Pg boundary. Ecology and Evolution, 11(21), 14540–14554.

短喙針鼴

從而阻止了被爬行動物佔據的第二個時期。為什麼現今在地球稱霸的是哺乳類，而非爬行動物，當中原因就是這樣。

以上說法，是依據美國分子微生物學和免疫學系的教授阿圖羅·卡薩德瓦爾 (Arturo Casadevall) 提出的真菌感染－哺乳動物選擇假說〔Fungal Infection-Mammalian Selection (FIMS)〕。[17、18] 他的假說於 2005 年首度提出，到了 15 年後的 2020 年已積累了大量數據，足以支持這觀點：白堊紀末期真菌的大量繁殖，有助於迎來哺乳動物新時代。

「疾病塑造了我們的世界」，這說法在經歷了 COVID-19 疫情之後，應該無人會否認吧。但早在數千萬年前，疾病在地球物種演化史中也有著關鍵的角色。幸好，許多疾病給地球上的生命（包括人類）帶來的是適應性好處，而不是危害。凡事沒有絕對的好壞，我們需要正反兩面都看。

17 Casadevall, A. (2005). Fungal virulence, vertebrate endothermy, and dinosaur extinction: is there a connection? *Fungal Genet Biol.*, 42(2), 98–106. https://doi.org/10.1016/j.fgb.2004.11.008

18 Casadevall, A. (2012). Fungi and the rise of mammals. *PLoS Pathogens*, 8(8), e1002808. https://doi.org/10.1371/journal.ppat.1002808

◉ 完成物質的循環迴路

除了幫助植物在陸地開荒求生，以及促成物種滅絕，真菌在地球演化史上還有最後一個關鍵的角色：分解者。

真菌缺席成就了煤炭？

故事可說回 3.58 億年前的石炭紀早期。據科學界一般理解，那時還未出現可分解堅韌木質素的真菌酵素。

當時，維管植物在菌根真菌的支持下，開始在陸地上興起，隨之而來的，是木質素——亦即是使「植物」成為「木」的物質——也演化出來了。這實在是植物非常厲害的演化成果，它不但使維管束植物的結構更加堅硬，足以承托整株植物的重量，而且還能夠快速輸送水分予樹冠上的葉片，加速光合作用去幫助生長，使早期植物能夠適應到陸地上的生活。木質素直接使維管植物在地球植物群中佔據主導地位，今日蔚為地球「巨肺」的森林、支持起整個豐富的陸地生態系統，也是人類最常用資源之一的木材，便是由此而來。

問題是，木質素屬於一種芳香族化合物，非常堅韌，是一種非常難以腐爛和分解的複雜物質。試想想，演化出木質素的植物長成高大粗壯的樹木，再蔓延成廣闊森林，但死後卻沒有生物能夠分解它們，即腐朽過程發生不了，那會發生什麼事？

據不少研究顯示，在 2.98 至 3.58 億年前的石炭紀時期，情況便是這樣。大量植物死後都保持原有狀態，積壓在沿海的沼澤雨林。在石炭紀末期，大約 3.05 億年前，更發生了石炭紀雨林崩潰事件 (Carboniferous Rainforest Collapse)，

導致覆蓋歐洲和美洲赤道地區的廣闊石松屬植物大量死亡，其後許多植物和動物的物種都變得矮小，還間接導致了下一階段大型樹蕨的繁盛、地球因氧氣含量高達 35%，二氧化碳濃度則低於 300ppm，極地氣候改變，而再走進冰河時期。

這雨林崩潰事件的來龍去脈仍然待科學界進一步解釋，但至少我們知道的是，植物突如其來地滅絕，使沼澤地區得突然承受大量有機物。也正因為沼澤是無氧狀態為主，而真菌又未有針對木質素的酵素，加上當時板塊活動活躍，變相把積壓的植物往地球深處壓下，變成接近純碳的「煤沉積」，儲存了大量的碳在地底。

換句話說，據現時的主流科學理解，大部分煤炭，亦即是我們賴以為生，而且幾乎用盡的燃料，便是在這段石炭紀時期形成的。

據 2012 年 72 位全球頂尖真菌學家的估算，擔子菌門下的「傘菌綱」（Agaricomycetes）是大約在 2.95 億年前，即石炭紀晚期，臨近二疊紀時期之後，才開始演化出針對木質素的酵素（Enzyme，也稱酶）。[19] 在這類真菌出現後，有機碳的埋藏率便急劇下降。換句話說，一般人應該都沒想過，煤炭的形成，很大機會是在真菌的缺席下成就出來的。

去到 2016 年，凱文・博伊斯（Kevin Boyce）及其團隊再反駁了這個理論。他們指出枯樹堆積率與煤炭產量之間的不一致，而且石炭紀末期也已經有能夠分解木質素的真菌酵素。兩派的講法各有證據，這個故事仍在爭議聲中，有待補充。[20]

19 Floudas, D. et al. (2012). The Paleozoic origin of enzymatic lignin, decomposition reconstructed from 31 fungal genomes. *Science*, 336(6089), 1715–1719.

20 Nelsen, M. P., DiMichele, W. A., Peters, S. E., Boyce, C. K. (2016). Delayed fungal evolution did not cause the Paleozoic peak in coal production. *Proceedings of the National Academy of Sciences of the United States of America*, 113(9), 2442-2447.

無敵分解者

於是，直到真菌終於能夠分解這些堅韌的木材之後，整個自然界物質的循環迴路總算完整了。這個迴路的終端（也是起點），始於真菌孢子或菌絲碎片。若外在條件成熟，這些孢子便可在有機物上發芽成細小的毛狀結構，慢慢形成網狀的菌絲；至於落在木頭上的菌絲碎片，也可以在溫暖濕潤的天氣中，開始更廣泛的生長。而此中關鍵，便是真菌懂得分泌上百種的酵素和代謝物，由此分解到木材中堅韌的纖維素、半纖維素及木質素。如此經歷一代又一代的菌絲生長後，木材便會漸漸變得柔軟，再加上昆蟲的撕碎後，在數年間變得「體無完膚」，最後與泥土融為一體。

在今天的世界，分解木材的真菌，大部分均會形成肉眼可見的大型子實體，比起動物糞便和葉子上微觀真菌的活動更為明顯。最常見的有：靈芝、血紅密孔菌、裸傘、木耳、蜂窩菌、裂褶菌、小孔菌、革耳及側耳等等，它們都屬於「擔子菌」綱，功能上屬於白腐真菌（White Rot Fungi）或褐腐真菌（Brown Rot Fungi），木材中的纖維素和木質素，便是由它們來負責分解。如果你在森林裡觀察，木材上看到很粗大而豐富的菌絲，大概便是它們了。至於剩餘的樹皮，則會由炭角菌、炭團菌、輪層炭殼菌等等白腐真菌或軟腐真菌（Soft Rot Fungi）來分解，它們多屬於黑色細小的「子囊菌」綱。不過它們的菌絲生長得相對較慢又稀少，你在森林裡就沒那麼容易發現到它們了。

不過話說回來，雖然真菌成功找到分解木材的鑰匙，但其實腐朽木材中的營養物質通常都很低，大多無法獨力支持真菌所需的養分。不過聰明的是，真菌可以利用它們豐富而可無限延伸的菌絲體，將磷和氮由附近的土壤和落葉，轉移到木材分解的所在處，從而生存下去。有些種類的真菌甚至還可以長出繩索形狀的菌絲索來吸取營養，盡顯生存的智慧。2019 年，西班

牙的學者還發現白腐真菌中的特定酵素是與被子植物共同演化的。原來地球演化歷史中，不只有猶如婚嫁關係的共生關係，連同猶如遺產承繼者般的分解角色也有這般奇妙的安排，這個世界太有秩序了！ 21

那為什麼只有幾類真菌擁有這項能力呢？我們很難知道實際原因。其中一個解釋，是真菌最初在活躍的地殼活動中，被推高到乾燥的高山，而山上森林充滿著幾乎無限的木質營養，於是為適應生存，真菌才演化出更多酵素來分解堅韌無比的木質素。但既然這個世界木質素這樣豐富，為何其他生物沒有好好利用到呢？老實說，這仍然是一個謎。

但至少我們可以確知的是，當腐朽完成，物質便能化作一種永久的不定形，重新成為泥土的一部分。正是這種特性，使得所有模糊曖昧的生命形式得以匯聚成下一個生命的「元素」，生成更多具可能性的力量，科學上稱之為「熵」（Entropy）。 22 或者，我們可以想像，活著的生命是一些「正在變成非生命的生命」，土壤有機質則是「將會變成生命的非生命」，兩者持續循環流轉。而真菌，便是負責這腐朽過程的關鍵主角了。

在人類社會，我們普遍讚頌大自然的生命力，而把生命必然伴隨的另一面，即「腐朽」（Decay）視作死亡的徵兆，當成忌諱，避而不談。但用另一視角看待「腐朽」，真菌其實是「化腐朽為神奇」、把物質化作春泥來護花。

21　Ayuso-Fernández, I., Rencoret, J., Gutiérrez, A., Ruiz-Dueñas, F.J., Martíneza, A.T. (2019). Peroxidase evolution in white-rot fungi follows wood lignin evolution in plants. *Proceedings of the National Academy of Sciences of the United States of America*, 116(36),17900-17905. https://doi.org/10.1073/pnas.1905040116

22　http://www.heichimagazine.org/zh/articles/627/soft-rot-sweet-rot-bitter-rot-the-politics-of-decay

第二章

共生與網絡：
真菌揭示的演化奧秘

- 理解真菌的核心概念：共生
- 達爾文解答不到的利他行為
- 為何合作？基因內藏的永續之道
- 總會合作？冥冥中導向的均衡點
- 共享菌根網絡的革命性啟示

◉ 理解真菌的核心 概念：共生

回顧前面幾篇文章，從真菌與藻類結合成地衣、與植物根部建立菌根關係，我們看到真菌與其他生物的「互惠共生」關係——雙方都彼此依賴，幫助對方完成自己不能做到的事；由寄生於動物令牠們生病，我們看到真菌的「寄生」習性——真菌生於另一種生物活體的體內或表面，並以攝取其營養作為生長和繁殖所需；而由負責分解有機物的真菌，我們則看到真菌的「腐生」特質——真菌會生長於已腐朽死去的有機物之上。真菌的三大特質，在上面幾節中已不知不覺地提到了。

這樣說來，細心留意的話，會發現若不從「關係」入手，我們根本無法把握真菌。就如真菌自己會釋放出菌絲，蔓延開去成為龐大的菌絲網絡，真菌亦一定會跟其他生物建立關係，構成一整個關係的生態網絡。不是個體，也不是物種本身，而是它們之間的關係，才是理解真菌這種生物的核心概念。

但上面三種關係形態，在過去幾世紀中，並不是全部都得到科學界一致認可。當中，特別是「互惠共生」（Mutualism）這種關係，引起過無數爭議。背後牽涉的，是更深層的哲學思考：我們是怎樣理解整個世界，連同人類社會在內的關係本質的呢？

說得詳細一點，「互惠共生關係」可以從以下特徵區分成四種：獲得的利益、依賴程度、關係的專一程度，以及關係的持續時間。1

1　Chomicki, G., Kiers, E.T., Renner, S.S. (2020). The evolution of mutualistic dependence. *Annu. Rev. Ecol. Evol. Syst*, 51, 409–432.

一種是前文提到，對雙方都有利的互惠雙贏關係，若然分開，則彼此或其中一方便無法繁殖或生存，這可稱為「專性互惠主義」（Obligate Mutualism）。例如絲蘭植物（Yucca Plant）和飛蛾，絲蘭植物的花依靠飛蛾授粉；反過來，飛蛾則在花上產卵，並用絲蘭植物的種子餵養幼蟲。

第二種，是共存而不相互依賴的關係，稱為「兼性互惠主義」（Facultative Mutualism），涉及不同物種混合的關係。例如蜜蜂和植物，蜜蜂造訪不同的植物，從花中獲取花蜜，這些植物則以蜜蜂作為媒介來授粉。

第三種，是「營養互惠主義」（Trophic Mutualism），合作伙伴專門以互補的方式從彼此身上獲取能量和營養。例如牛和細菌，存活於牛胃中的細菌可以幫助牛消化植物纖維素；相反，細菌獲得食物和溫暖的環境，作為生長發育的地方。

第四種，是「防禦性互惠主義」（Defensive Mutualism），其中一方從合作伙伴獲得食物和住所，作為回報，它通過防禦食草動物、捕食者或寄生蟲來幫助合作伙伴。例如蚜蟲和螞蟻，蚜蟲為螞蟻生產蜜露作為食物，螞蟻則把蚜蟲的卵儲存在巢室中，讓蟲卵度過寒冷的冬季。

另一種則是只得一方受益，另一方並無得益，但是同時也沒有受損，可稱為「片利共生」（Commensalism）。若然分開，也似乎無礙各自的存活。而被依賴的一方的行為，通常被理解為「利他主義」。這些複雜的關係，在兩世紀之前可不是不驗自明的科學知識，而且更讓無數科學家與哲學家思索良久，苦惱不已。為什麼生物之間會建立出這些關係？驅使物種跟對方合作起來的根本動力是什麼？若其中一方根本無需要依賴另一方都能夠生存，為何又會繼續與對方共棲多年？

今天，我們所認識的一些真菌異營植物（Mycoheterotrophic-plants），例如虎舌蘭、水玉杯及大柱霉草等等，便在漫長的演化過程中跟真菌發展出「片利共生」的關係。由於這類植物天生沒有葉綠素，不能利用太陽以光合作用製造養分，所以靠自己其實生存不了，只有依賴真菌才能夠取得營養。用一個帶有價值判斷的擬人化形容，這似乎牽涉「欺騙」（Cheating）、「利用」或「剝削」（Exploitation）——這還真是有些科學家在學術期刊上直接用到的字眼。因為只有植物得益，付出的成本則只歸於真菌，真菌並沒有利益可言，確實很像「欺騙」。[2、3]

那麼到底為什麼真菌仍會繼續跟真菌異營植物生長在一起？若植物沒有提供碳給真菌，那麼真菌生長所需的碳又是從何而來？

這些問題，未必會有一勞永逸的答案。畢竟所謂科學，就是不斷推翻過去的理論，論證新理論的過程。但對於這些問題，我們還是比 19 世紀的人類知多了那麼一點點。要明白真菌如何揭示現代科學的思維，讓我們先退後一步，回望科學發展的歷史，從中看看現代生命演化的理論基礎是如何建立出來，又是如何隨時代演化。

2　Xenophontos, C., Harpole, W.S., Küsel, K., Clark, A.T. (2022). Cheating promotes coexistence in a two-species one-substrate culture model. *Front. Ecol. Evol.*, 9, 786006. https://doi.org/10.3389/fcvo.2021.786006

3　Perez-Lamarque, B. et al. (2020). Cheating in arbuscular mycorrhizal mutualism: a network and phylogenetic analysis of mycoheterotrophy. *New Phytol.*, 226(6), 1822-1835. https://doi.org/10.1111/nph.16474

◉ 達爾文解答不到的 利他行為

達爾文

曾經，很多人相信，演化是生存競爭中自由淘汰的結果。當食物與空間等資源有限，物競天擇，只有最適應環境的個體才能生存下來，延續族群。這是達爾文留給我們的遺產。在這想像下，世界是殘酷的，競爭是必然，汰弱留強是天理。

達爾文的《物種起源》，1859 年 11 月 24 日在倫敦出版，首度向世界交出了自己的演化理論框架，隨即震驚世界，後來更成為現代科學發展的基石。簡單介紹，他的理論包含四了大支柱：「演化」(Evolution)、「漸變」(Gradualism)、「共同祖先」(Common Descent) 和「種化」(Speciation)，而這些支柱都由同一個機制支撐，該機制便是「物競天擇」(Natural Selection)。

再解釋詳細一點。對達爾文來說，物種之間的演化速度雖然不同，但總體來說，生物的演化是個「漸進」的過程，而不是突然的劇變。例如繁殖力非常高的細菌，如果長期置於人類製造的抗菌藥物中，只需幾年時間就有機會發展出抗藥性；但七鰓鰻在過去 3 億 6,000 萬年卻都沒什麼變化。用物競天擇來解釋，就是環境的壓力決定演化的速度。

其次，在未有完整的遺傳學概念的 160 多年前，達爾文就已經斷言：「或許曾在地球生活的所有有機生命，都起源於某一個原始形式，第一個被灌注入生命的形式。」達爾文提出的「共同祖先」概念，可謂替現代科學家以 DNA 來建構「生命之樹」的世紀工程埋下了伏筆。同時達爾文強調以「物種」（Species）作為最重要的視點，去觀察整段演化歷史。他認為生命起源於一個共同祖先，隨後演化出不同物種，如同一棵樹（生命之樹）逐漸開枝散葉。過程中，據物競天擇的競爭原則，某些強大的物種數量會倍增，另一些較弱的物種無法適應環境，則會在演化過程中被自然淘汰。換句話說，達爾文強調的是以物種為基礎單位，以物競天擇為原則，闡述有利於生存和繁殖的條件。他相信大自然的環境每天都在變化，不同的物種每天都在競爭，在這個世界生存並不是容易的事情。

達爾文的理論使不少科學家寢食難安，不少人都妒忌他的名譽地位，進而攻擊他的理論不完美甚至不堪一擊。但撇除所有惡意的攻擊，平心而論，特別是站在 21 世紀回望，物競天擇的機制在遺傳理論上確實有很多問題解釋不了。比方說，為什麼偶爾會發現單一特變種（Mutant Species），而且能夠繁衍下去，沒有被群體裡的「正常」物種埋沒和稀釋？這豈不和「漸變」的演化理論相違背？對物競天擇的理論來說，合作、共生和利他主義（Altruism）更是致命的挑戰。如果生命是一場如此殘酷的「生存遊戲」，那麼一個無私的人怎麼可能繁衍後代呢？

可以想像，達爾文其實無法完全解釋真菌與其他物種的共生關係，這關係違反了他整套理論背後對世界和關係的前設。同樣地，蝙蝠吐出溫血餵飼飢餓的弟兄、蜜蜂為了保衛蜂巢而用毒刺自殺、鳥類餵飼不屬於自己的後代。這些動物界的利他行為，達爾文同樣無法圓滿解答。但事實上，今天我們都知道，其實利他主義無處不在，甚至更是複雜社會生活的關鍵部分。在森林如此，在人類社會亦然。

於是問題是，為什麼會這樣？生物這樣做，對自己有什麼好處？從演化的角度來看，合作與利他主義都的確面臨同樣的困境：如果你與某人合作，你必然會在他們的生存和繁殖上投入時間、精力和資源，但如果他們賴賬，那麼你的行為就枉然了，徒勞了。長遠而言，這除了增加個體的死亡風險，族群滅絕乃至絕種的機率都會增加。在經濟學中，這個問題被稱為公共物品困境 (Public Good Dilemma)。

◉ 為何合作？
基因內藏的永續之道

道金斯

對於達爾文留下的謎題，1976 年出版的《自私的基因》可謂其中一個重要的回應。這書由英國演化生物學家理查・道金斯（Richard Dawkins）所寫，半世紀以來銷售超過 100 萬冊，並已翻譯成 25 種語言，亦引起多番熱議。道金斯某程度上延續了達爾文演化理論的思維，相信物種必須演化出最合適的策略，才得以生存和繁衍，但他跟達爾文最大的差異，是他將解釋演化進程的基礎單位，由「物種」改成了「基因」。

對道金斯來說，所有生物都是基因的載體。而基因要做的事，就是竭盡所能讓自己能夠生存並代代相傳的複製下去，不被淘汰。是以在道金斯的理解下，演化實際上並不是關於最適生物（Fittest Organisms）的生存，而是關於最適基因（Fittest Genes）的生存；因為我們及其他所有動物，都是由基因複製而來，在高度競爭的世界中，已經存活了百萬年。

而如此一來，生物的「利他行為」就變得可以理解了。道金斯認為，利他行為雖然會偶爾存在於個別的生物體，但為的終究是自己基因的可持續，是基因的自利設定所驅使。即使上一代生物死了，但當生物有下一代，基因就能在複製中流傳下去。例如工蟻和蜜蜂雖然不會繁殖，而是全力幫助養育女王的後代，這個非常古老的合作機制，卻最終幫助到它們的基因在有限資源下大量繁衍。又例如當黑猩猩發現一個危險的敵人時，會以聲音來警告其他猩猩，儘管牠這樣做會引起敵人的注意，讓牠置身險境，但這卻幫助到整個群體的生存。

這如同是說，即使你從來沒回報我，但只要我們是親戚，擁有親屬關係（Kinship），那麼自我犧牲、不分彼此的付出，仍會通過下一代而得到一定程度的償還。

這想法背後有個更重要的假設，就是所有生物，包括人類，都必然會為自己的利益盤算──「利益」對道金斯而言，具體是指自己基因的可持續性，而不是當下的欲望和需要。在書中有一個經典的比喻：任何生物都是求生機器，暗地裡已經被輸入某種程式，會去保護自己基因的可持續性。每個人都總是想做最合乎自己利益的事，那麼每當兩個人打算合作，都是因為這合作對自己有益，可以想像他們的利益衝突並不會很大。

這書當時一出版，震撼了科學界和整個社會，引起了很大爭議。畢竟「自私」這擬人化的說法，含有很強烈的道德判斷。可是，與其說，這理論意圖總結所有基因都是只顧自己而不考慮他人，不如說，這理論解釋了生物為什麼願意合作和付出，是因為知道這會為自己帶來更長遠的好處。有些利他行為同時會帶來利己的結果。事實上，科學界也一直詬病此書以「自私」為題，非常誤導讀者，而道金斯本人在這書 30 年後再版所撰寫的新序言裡，也提到他當年應該爭取把書名改為《不撓的基因》（The Immortal Gene）或者《合作的基因》（The Cooperative Gene），這樣或者可以減低外界對此書的誤解。

可是道金斯的理論，解釋的主要是有親屬關係的生物的「利他行為」。但若個體之間沒有血緣關係，還會發生利他行為嗎？非親屬的利他主義（Non-kin Altruism），是達爾文和道金斯的理論都未能完全解釋的。

在生物界，另一種可能的解答是群體增強選擇（Group Augmentation Selection），即是當一個大群體中的優勢足夠高時，個體可以從撫養無血緣關係的個體中受益。這可能是對白翅澳鴉「綁架」其他幼鳥這種奇怪現象的最佳解釋，群體成員會招募不相關的雛鳥回巢，並把牠們當成子女般飼養，作為群體未來繁殖下一代的助手。另外，無血緣關係的獅子會生活在一起，共同守護牠們的領地，生活在獅群裡會讓生活變得更輕鬆，集體狩獵意味著獅子在需要的時候有更高的機會得到食物，而且在狩獵時受傷的可能性更小。

帶著這想法來看真菌與其他生物的「片利共生」關係，我們或者可以理解，對付出的一方來說，它們總會接收到一些間接的好處，只是人類還未知道是什麼而已。

◉ 總會合作？
冥冥中導向的均衡點

再換另一個視角——數學，我們似乎亦為謎題找到另一個答案。

說的是 20 世紀最具影響力的經濟學學說之一：博弈論（Game Theory）。博弈論也稱為對策論或賽局理論，在 1944 年，由匈牙利裔美國數學家馮・諾伊曼（John von Neumann）與德裔美國經濟學家奧斯卡・摩根斯特恩（Oskar Morgenstern）在他們合著的《博弈論與經濟行為》提出，之後再由其他人繼續發展，延伸至科學、社會學、心理學上。這學說以數學模型來解釋決策者之間的衝突與合作關係，闡述每一個決策者將如何根據其他對手的策略，去做出最有利自己的抉擇。

在這視角之下，當生物要適應複雜的環境轉變，也要適應與其他物種之間的社交互動時，自然界中的互惠合作，可謂是一個冥冥中導向的必然結果、均衡點。

這套數學模型是怎樣一回事呢？先說個叫「囚徒困境」（Prisoner's Dilemma）的情境。故事是這樣的：警察拘捕了嫌疑犯 A、B 兩人，並隔離審訊。但警察並沒有足夠的證據立即起訴他們，所以向嫌疑犯提供三個選項：一、如果選擇坦白承認罪行（即出賣伙伴），而另一人拒絕認罪，則自己可以無罪釋放，對方則重判 30 年；二、如果兩人都認罪，則各判 15 年，即用坦白換取較短的刑期；三、如果兩人都不認罪，保護自己及同伴，則會因為證據不足而各判 1 年。面對這情境，兩人同時陷入兩難，應該坦白招供還是不坦白？但因為兩人無法溝通，於是從各自的利益角度出發，依據各自

的理性都選擇了招供。這種情況就稱為「納殊均衡點」(Nash Equilibrium)，冥冥中導向一個較好的、合作的結果。

姑且試用這理論，來解釋蝙蝠交換食物的行為。試想像蝙蝠面對的四種情境：

- ● 一是「合作／合作」：我在不幸的晚上得到了能讓我果腹的血，那在幸運的晚上我也應該分出點血，那不會花費多少。
- ● 二是「背叛／合作」：你在我不幸的夜裡救了我，但當我幸運時，我不會給你血，那樣我會活的更好。
- ● 三是「合作／叛變」：在我幸運時我救了你的命，但當我不幸時你沒有救我，我有餓死的風險。
- ● 四是「叛變／叛變」：我幸運時不必付出代價來救你，但我不幸時則有挨餓的風險。

在長期的演化過程中，「納殊均衡點」最終出現，導向蝙蝠願意跟彼此交換食物。

可是，在動物界，有些行為未必是有意識的、大腦理性思考後的個體選擇，而是多年遺傳下來的結果。生物學認為，遺傳基因，而非意識，是控制個人生存策略的根本來源。是以 1973 年，英國理論和數學進化生物學家梅納德‧史密斯 (Maynard Smith) 及美國人口遺傳學家喬治‧普萊斯 (George Price) 便提出「演化博弈論」來解釋一些演化行為。有別於傳統博弈論，演化博弈論並不依賴理性的個人選擇，而是依賴自然選擇和突變，作為演化的驅動力。

通常，一個群體由具有不同策略的個體組成，再在互動中把基因一代傳一代。這些互動，可以是依循某些確定的規則，或是隨機發生。用數學的概念來說，這動態過程可以被視為迭代映射（即重複反饋過程）或隨機過程（包括單獨或連續時間）。例

如一個奧運游泳選手，在不同國家進行多種形式的密集培訓，透過互動學習，衝破自己最佳的成績。這是將演化博弈論置於非線性動力學和隨機過程理論的思維中，有助於理解怎樣促成複雜的動態時空。

舉個例子，科學家便曾用實驗室中的微生物來模擬「演化博弈」的場景。由於它們個體很小，因此分泌化學物質的成本非常高，要單獨適應多變的世界，成本效益亦很低。那怎麼辦？它們可以怎樣增加生存機率？於是為了減低適應環境的成本，它們便會依賴群體來感應附近的資源。更準確來說，愈懂得依賴群體來感應附近資源的微生物，便愈能夠減低適應環境的成本，它們及它們的下一代便更大機會存活下去。所以說，懂得互相合作，是微生物的最佳生存策略。所以也不難理解為什麼細菌在一段時間之內會產生抗生素抗藥性。[4]

綜合上面所說，在這套想像底下，互惠合作根本就是自然界經歷漫長的演化之後，一個冥冥中導向的結果、均衡點。放在非常長遠的時間裡，自利和利他是可以預計的、可以計算出來的社會生態。一個足夠古老的、可持續的社會，無論動物、植物和人類，原則上都會充滿具利他主義和關懷之心的個體。

甚至拉闊一點，這種以數學模型來想像未來的「演化博弈論」視角，甚至可以延伸到地球以外的生命之上。

一個不少人都曾經幻想過的有趣問題是：如果真的有外星生物存在，究竟他們會對人類感興趣嗎？他們會和地球人怎樣相處，性格又是怎麼樣？我們會被視為潛在的合作伙伴嗎？原來，除了電影工業會把這些幻想塑造出來，近年科學界也有人在做相關的研究，指的是「搜尋地外文明計劃」（SETI）。這可不是什麼神秘組織，而是美國加州柏克萊大學、哈佛大學都有份參與的科研單位，透過偵測外太空的電磁波，從中分析有沒有一些有規律的信號，來試圖發現外星文明。計劃中的

4　研究細菌鐵載體的結果，來自 2017 年，美國微生物學者約瑟夫‧塞克斯頓（Joseph Sexton）及馬丁‧舒斯特（Martin Schuster）在《自然通訊》發表的文章。

這批天文學家和天體物理學家，如弗蘭克・德雷克 (Frank Drake) 和吉爾・塔特 (Jill Tarter)，便正是建基於「演化博弈論」邏輯，推算出任何在技術上先進的文明，在道德上也會是先進的，所以外星人如果經歷了千萬年的演化，也很可能是利他主義的。

這種想法或者不容易接受，因為在我們的經驗中，聰明人的道德水平未必一定很高。但是，以千萬年演化博弈的演算角度來看，在高度多變的宇宙中，為求適應，外星人最有可能的性格應該是尋求合作，而不是邪惡的化身。

當然，到目前為止，我們還沒有科學證據表明人類和外星人共同生活於銀河系。

◉ 共享菌根網絡的
革命性啟示

蘇
珊
‧
西
馬
特

從達爾文說到道金斯，又從博弈論說到不能避免的合作關係，
這裡還有一些說不通，就是科學界還是沒有把 4 億 6,000 萬
年以來植物必選的伙伴菌根真菌，寫入演化理論的主旋律。

直至 90 年代，生物學家蘇珊‧西馬特（Suzanne Simard）
為世界帶來了一套革命性的想法。

1993 年，在加拿大英屬哥倫比亞省山區長大的蘇珊‧西馬特
開展她革命性的博士研究。這位研究員的家族在過去數十年都從
事伐木業，是以她有著紮實的森林學背景，也一直立志要繼承祖
業。當時，伐木公司在當地種植了大量花旗杉（Douglas Fir）
以收取木材。而為了避免其他樹木搶奪花旗杉的養分，造成惡
性競爭，減低木材產量，於是他們便在這個以商業模式運作的
人工植林中，大量砍伐其他原生樹種，包括白樺樹（Birch）。

聽起來似乎很有道理，因為根據達爾文理論，樹木之間會彼此競爭，森林是在競爭中塑造出來的。偏偏西馬特卻反對，她認為白樺樹與花旗杉是絕對可以共存的，而且還會互相照料，原生樹木可以增強花旗杉苗在植林中的適應力。

而你猜猜誰對誰錯？結果是，伐木公司的舉措，非但沒有增加花旗杉的存活率，而且還引來大量真菌疾病的入侵，大大影響產量。至於西馬特，為要證明自己的假設，便陸續做了更多更深入的研究。四年之後，蘇珊・西馬特交出了她的驚世發現，提出「樹木全資訊網」（Wood Wide Web），論文更榮登《自然》期刊的封面故事，那是科學界最具權威及最有名望的刊物之一。她的發現隨即獲得全球媒體廣泛報道，震撼了科學界與廣大社會。5

5　《自然》（Nature）是世界最權威及最有名望的學術期刊之一，首版發行於 1869 年 11 月 4 日，是世界上最早的科學期刊之一。無數科學家都視能夠在《自然》發表論文視為終身目標，至今華文界能發表在此期刊的科學家簡直鳳毛麟角。該期刊每週大約收到 200 份學術論文投稿，其篩選標準非常嚴格，許多投稿連第一關初步篩選也被拒絕而未被送審，因此，每 100 篇論文大約只有 4 篇能夠成功發表。而且對一些根深蒂固的理論和定義，只有在此等高水準的期刊發表後，才能有機會在中小學課本內更新和取締。

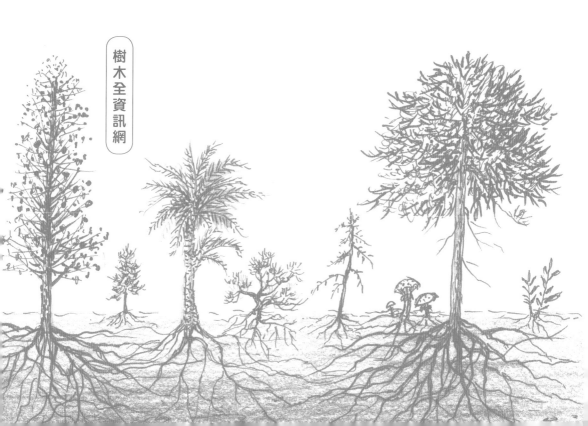

樹木全資訊網

蘇珊・西馬特的研究方式，是以碳-13放射性同位素（^{13}C-CO$_2$ Isotope Labelling）來標記兩個樹種之間的碳轉移。她驚訝的發現，白樺樹和杉樹真的在地下的菌根網絡中聯繫在一起，並通過共同的菌絲體相互連接，把碳、氮和磷四處轉移。

她的研究表明了，我們的森林中確實有著如同神經線和社交網絡一樣複雜的共享網絡。母樹會主導溝通關係，和附近的幼苗在地下連接。母樹不但會把養分傳給自己的後代，更會關顧其他品種的幼苗，讓整個群體一同茁壯成長。而把整片森林串連在一起，讓不同品種的樹木在森林中都可「溝通」的，正是地下的共享菌根網絡。健康的植物會把營養供給至較弱的植物；當植物被有害的真菌入侵時，會透過菌絲體釋放化學訊號警告鄰居。換句話說，沒有「血緣」關係的植物真的會互相關顧起來。[6]這讓森林整體長得更快、更健康，各種生物都達致共贏的理想狀態。

最初接觸她的論述，的確覺得有點像寫給兒童看的故事書，用擬人法的方法來描述樹木之間的關係，有母樹有孩子。這肯定是個動聽的故事，好像有點神秘，容易傳播，而不肯定有多嚴謹。但其實，能夠登上《自然》期刊的，必須是既精闢亦紮實嚴謹的科學研究才行，絕不兒戲。她也曾被科學家猛烈批評，要求她撤回這篇文章，但後來她都以堅實的理據駁斥了這些批評。

6　Figueiredo, A.F., Boy, J., Guggenberger, G. (2021). Common mycorrhizae network: A review of the theories and mechanisms behind underground interactions. *Front. Fungal Biol*, 2, 735299. https://doi: 10.3389/ffunb.2021.735299

來自英國實驗室的質疑	西馬特的回應
質疑一：土壤傳送至雪松的碳含量遠高於真菌傳送的碳量，導致她假設的菌根網絡扮演的角色難以成立。	透過土壤傳送的碳元素，不但遠比真菌傳送的碳量少，而且差距相當顯著。而且研究發現，樹木之間不是只有一種交流途徑。
質疑二：從花旗杉傳至白樺的碳量太少（是白樺傳至花旗杉的十分之一），機器可能誤讀了數據，因此不能斷言兩者之間有雙向交流。	「我們在另一個案例中，證明了這種雙向交流。」
質疑三：她把碳-13放射性同位素注入標記袋時，給了幼苗過多的二氧化碳，因而提高了植物的光合速率，使得樹根充滿醣。他們認為，這麼一來，轉移到隔壁植物的碳量就會比自然情況下還多。這樣的指控之所以出現，是因為她用了不少碳-13二氧化碳，以便質譜儀能更輕易偵測到傳進植物組織中的碳-13。	確實證明實地使用的二氧化碳量，並不影響碳分配到幼苗的不同部位或傳送量。

隨後的十年間，蘇珊・西馬特繼續研究。2016 年，她在 TED talk 以通俗易懂的語言演繹她過去 30 年在加拿大森林的研究，至今有高達 1,000 萬點擊率，是科學和非科學界的熱話。[7]

在我看來，這當中還有無限問題值得繼續問下去，包括：為什麼真菌願意擔當這個傳導角色？合乎真菌自身的利益嗎？還是屬於真菌的利他行為，這該怎樣解釋？又如何理解真菌的「意識」和能力？假如一個森林在山火後重生，需要多久才能再鋪設好這個地下網絡？但無論如何，我們可以知道的是，似乎真菌這角色在約 1,500 萬年的森林演化歷史中，已經演化穩定了（Evolutionary Stable State）。

蘇珊・西馬特的「樹木全資訊網」之所以重要，具有劃時代的意義，是因為她借助真菌，超越了生物與基因的視角，進入了一個地下共享網絡的新視野、新思維。借助她的發現，我們知道達爾文的想法已經不合時宜了，在達爾文所解釋的演化世界裡，物種競爭造成自然淘汰，但他卻解釋不了合作和利他主義。其實他提出的競爭狀態，通常只會在一個小環境發生，對整體大環境而言，共生、合作、共存才是世界的真實邏輯。

科學與非科學界以往都欠缺一種系統化思維（Systemic Thinking）。但隨著互聯網的出現，我們已愈來愈容易明白網絡式的系統思維。而蘇珊・西馬特更進一步帶大家看見，在大自然裡，世界也不只是一個個獨立的個體，而是由個體連成的網絡，彼此互相溝通。

人類世界該如何發展下去？借助她的啟示，我們有了新的方向。縱觀世界，有很多人類，只關心工作報酬和自己的生活圈，缺乏一個地球觀和世界觀的概念，也有人依然深信在競爭中擊敗他人才是存活下去的真理，但其實，正如蘇珊・西馬特所說，

7　https://www.ted.com/talks/suzanne_simard_how_trees_talk_to_each_other

「關係愈堅固，系統愈經得起考驗」，「共同演化的成敗，取決於個體以及群體的凝聚力」。惟有維持世界和平的心智，採取多邊合作主義的策略，世界才有機會達致共贏。也惟有這樣，我們才不會慢慢摧毀這個地球，走入一個不斷破壞環境的深淵，對地球氣候暖化這個危機視而不見。

第三章

神奇蘑菇造就的
人類意識與文明

- 愛菇還是畏菇？一個民族菇菌學的角度
- 怪異菇菌塑造的精靈世界
- 迷幻蘑菇帶動的宗教靈性經驗
- 童話、傳說和神話裡的迷幻身影
- 「wing wing 地」催化的大腦演化
- 致病菇菌留下的死神聯想
- 改寫歷史的致命一口

◉ 愛菇還是畏菇？
一個民族菇菌學的角度

想起菇菌、真菌，你一般會想起什麼？菇菌給你的印象是怎樣的？

可能是鮮香的松茸、廚房中的鑽石黑白松露、香濃的蘑菇湯、補身的靈芝蟲草、平日下菜的冬菇木耳金針菇，是餐桌上的佳餚。

或者可能是陰暗又潮濕的房間，每逢梅雨季節，牆壁、地板、木門便會發霉發黑，甚至長出菇菌，讓人厭惡的、不乾淨的，最好避之則吉。

又或者是童話故事裡，鮮艷又危險的一顆顆小東西，是有毒的，女巫煮藥的材料，讓人聯想到死神來臨的致命感染、忽然中劇毒身亡的可怕。

如果簡單分類，我們會發現這些印象大致可分為兩種。一種是讓人喜愛、熟悉的，另一種是陌生、恐懼、厭惡的。這些情感的差異，固然有個人喜惡的取向，同時亦會受到身處的社會的價值取向影響。正如自有歷史文獻開始，我們就發現人類對世事萬物存有愛與恨，吸引和排斥這兩極對立自古有之。這就像心理學家巴勃羅・奧利沃斯－哈拉（Pablo Olivo-Jara）研究「兒童對自然圖像的情感歸因」所發現，一般人喜愛樹木和藍天高山等自然景觀，是源於安全感和熟悉感；對鯊魚和蛇等頂層獵食者則感到恐懼，這可能源於潛在威脅感；而昆蟲的圖像則多引起厭惡情感。[1]

1　Olivos-Jara, P., Segura-Fernández, R., Rubio-Pérez, C., Felipe-García, B. (2020). Biophilia and biophobia as emotional attribution to nature in children of 5 years old. *Frontiers in Psychology*, 11, 511. https://doi.org/10.3389/fpsyg.2020.00511

戈登‧瓦森

瑪麗亞‧薩賓娜

在 1957 年，美國有位民族菇菌學家戈登‧瓦森（Gordon Wasson），還真的去了研究不同民族和真菌的關係，了解他們各自在歷史上如何應用真菌，並區分了菇菌狂熱者（Mycophilic）與畏菌者（Mycophobic）兩類社群。他和他俄裔的妻子，也成為了有記錄以來第一批被允許參加在印第安人社群中，由薩滿巫師瑪麗亞‧薩賓娜（Maria Sabina）舉辦的菇菌宗教禮儀的西方人。

按戈登‧瓦森的研究，在歐洲文化裡，俄羅斯人是最熱愛菇類的，其次是加泰隆尼亞人，他們經常在森林裡收集菇類，並以不同的方式食用，食用菇的品種在市場上均冠以通俗名稱。至於英國和德國文化則對菇類較為恐懼，他們一般不會觸摸菇類，一觸碰到便如被弄「髒」，有衝動立即洗手。也以英語「Toadstool」為例，這詞解「蕈菌」，亦有翻譯成「毒菇」，其字面的意思是「蟾蜍凳子」。當時一般平民對「蟾蜍」的印象都是一種「含有毒性分泌物」的生物，以有毒的蟾蜍形容菇菌，無疑讓人聯想到一大堆可怕的形象，包括女巫、死亡和腐爛，會引起噁心、中毒的痛苦，這些都是非理性的恐懼。

蟾蜍凳子

還有按照維多利亞時代的英國遺留下來的道德觀，松茸（*Tricholoma matsutake*）因為貌似陽具，所以是被視為淫穢的，就算有人免費饋贈都無人會想接收；但是，來到亞洲，這形狀在中國文化卻有雄偉的象徵；在日本，愈是「雄偉」的松茸愈是價值不菲，因為這正正代表在進食後有壯陽的功效。我相信如果告知在 20 世紀初的英國人，他們一定嚇了一跳。

當然，嚴格來說，用地域劃分是有點過度簡化，其他影響人們接近自然資源的因素，都會影響人類對菇菌的情感。比如過去有研究認為，中美洲高地人大多為菇菌狂熱，而低地居民則恐懼菇菌，在 2013 年，有位墨西哥學者則就此做了個嚴謹的評估，加以補充。他的研究指出，我們無證據去證實墨西哥恰帕斯州（State of Chiapas）的高地或低地，存在著完全的菇菌狂熱者或畏菌者的文化群體。只不過，他確實發現，在高地生活的人當中，約七成知道如何識別毒菇，人們懂得根據形狀、

顏色、氣味或植被類型來識別有毒物種；但在低地，則只有三成人士知道如何識別有毒菇類，大多數人只認識食用品種，對有毒品種一無所知，而且對神話和生態學知識不感興趣。另外，職業和種族亦有一定的影響：土著農民非常熱愛菇菌，然後是非土著農民，至於非土著非農民則沒有那麼熱愛。[2]

這些情感值得留意，是因為它們背後總是隱藏著一套自然信念系統，同時亦會反過來影響該事物在各個社會上的流傳與應用。當人類熱愛一種事物時，或會在日常生活之中反覆學習和應用；反之，恐懼會形成偏見，使人把該生物說成地獄使者、魔鬼的化身，不理性地厭惡，避之則吉，甚至想消滅對方。這些兩極的情感，讓菇菌在歷史上造就了不同的文化面貌，也間接影響了世界不同種族對於菇菌的應用方式。

這個研究領域，便是民族菇菌學（Ethnomycology）。這領域會研究菇菌在普羅大眾之間的用途，特別是土著部落間的信念、飲食習慣（包括發酵文化）、迷幻用途、宗教禮儀、民間醫學、民間工藝等等，可被歸納至民族植物學或民族生物學的一個分支。[3]

2　Ruan-Soto, F. et al. (2013). Evaluation of the degree of mycophilia-mycophobia among highland and lowland inhabitants from Chiapas, Mexico. *J. Ethnobiology Ethnomedicine*, 9, 36. https://doi.org/10.1186/1746-4269-9-36

3　Dugan, F.M. (2011). *Conspectus of World Ethnomycology: Fungi in Ceremonies, Crafts, Diets, Medicines and Myths*. The American Phytopathological Society, Minnesota, US.

◉ 怪異菇菌塑造的精靈世界

自古以來，菇菌在世界各地的童話、傳說和神話中都擔當著一定的角色，並且經常跟神靈與鬼怪相關。為什麼會這樣？全因為它們匪夷所思的生長習性。有人會形容為嚇人，我會說簡直是鬼斧神工，可稱為大自然的造化、不可思議的微縮自然景觀。

單說它們的形狀已夠奇特，包括有傘狀、杯狀、半球狀、漏斗狀、棒狀、馬鞍狀、星狀、耳朵狀、圓盤狀、人狀、蜂巢狀、八爪魚狀、鳥巢狀、珊瑚狀、籠狀、網狀、羊肚狀等等，各式各樣都有。還有一種菇菌，叫長裙竹蓀，形態像穿了一條網紗長裙，是以叫做「菌中之后」，也稱為「竹姑娘」。它們的頂部菌蓋表面還會有不同的特徵，好像不同的穿戴裝飾般，難怪經常被認為是附有靈魂，懂得精心打扮的小精靈和天使的化身。

至於菇菌的大小，更是懸殊得驚人。微小的傘狀菇類，如暗藍小菇，只有幾毫米；大型傘狀菇類，如西非和贊比亞的雞樅菌，菌蓋直徑卻可達一米，是最大型的食用菇類。而世界上最大的生物是什麼呢？原來也是菇菌，是 1998 年美國林業局的科學家在俄勒岡所發現的奧氏蜜環菌（*Armillaria ostoyae*），佔地 965 公頃，等於 1,665 個足球場，估計已在此森林中生長了約 2,400 年。至於為什麼會認為，覆蓋這麼大範圍的真菌菌絲是同一個個體？這在科學界一直存在爭議，但也一直有支持聲音。支持這想法的美國威斯康辛大學教授湯姆・沃爾克（Tom Volk）便認為，「這是一組基因相同的細胞，它們相互交流，具有某種共同的目的，或者至少可以協調自己做某事」。

至於菇菌的生長過程更是奇異。比如在大雨過後兩三天，草地上會忽然冒起一堆堆白色的膠狀物體，在幾天後，棒狀柄更把

半圓形的頂部提升，最後向上撐開平展，有如一把雨傘（原來「雨傘」的底下充滿孢子，可有效地迎接微氣流，不知不覺把種子傳播）；它又會在幾天內突然消失；又會排列成奇怪形狀，集結成圓圈，稱為「菇菌環」；有些甚至會在夜晚發出綠色螢光，在夜間可以當作照明用途；在樹幹上的黏菌，有黃色、橙色，形態像口水一般，而且還會在晚上移動。

望見這些匪夷所思的生長習性，不難想像，它們會讓人聯想到鬼怪與神靈吧。

在西方的民間傳說中，便以菇菌圈（或稱為「仙女環」）的故事最為廣泛流傳。從中世紀開始，歐洲北部的人普遍認為草地上的菇菌圈，是由精靈或仙女們圍成一圈跳舞的路徑所形成。他們相信假若不小心踏進菇菌圈，必定會遭逢厄運。[4] 看見自然現象但不明箇中原因，是不少虛構神話傳說誕生的來源。但所謂「仙女環」，其實就是在草地上生長的傘型蘑菇，其菌絲在泥土下均勻地由中心點向四周輻射生長，尋找更多食物。中心點及老化的菌絲相繼死去，而外圍菌絲則最為活躍，成熟後持續長出蘑菇，於是就形成了我們所見的仙女環。有些仙女環的中心，因為被蘑菇過份攝取營養的緣故，長出來的草也變得枯黃。

4　Benjamin, D. R. (1995). *Mushrooms: Poisons and Panaceas: A Handbook for Naturalists, Mycologists, and Physicians*. W. H. Freeman, New York, US.

仙女環

古代人的世界觀相信仙女、天使、精靈和女巫，菇菌常常是其中一部分，以神話為菇菌命名的習慣一直揮之不去，就算 20 世紀以後也改不了口。就像硬柄小皮傘（*Marasmius oreades*）有「仙女環」（Fairy Ring）這個俗名，黃金銀耳（*Tremella mesenterica*）有「女巫牛油」（Witches Butter）或「仙女牛油」（Fairy Butter）的稱號。還有含致命劇毒的白色鵝膏菌，被稱為「毀滅天使」（Destroying Angel）。在中國，古人奉靈芝為仙草，久服可以輕身延年，乃至長生不老；古書中有不少關於菇菌的描述，如《山海經》記載，炎帝的女兒瑤姬死後化為䔿草，服下䔿草的果實，就能令男子為之著迷；5 而《太平御覽》引《襄陽耆舊傳》，進一步清楚指出那就是靈芝。6

菇菌之奇特，還讓人把它們跟星體與隕石聯繫起來。古代便曾有天文學書籍、論文或詩歌，描述膠質菇菌是流星的殘留物的故事。有些文章亦把宇宙的緩慢衰變及隕石，比喻為在森林中腐朽木材的菇菌，使流星和菇菌具有共同的形象。一種在大雨後經常發現的黃色膠質菇菌黃金銀耳，被認為與隕石有關。另外，黑松露在形態上像隕石的碎片，彩色豆馬勃也像鐵球隕石落在地上；馬勃還具有神奇的宗教功能，一些北美的印第安部落稱它們為「墜落的星星」，保存為香可以驅鬼，也可以做火種。地星科菇菌，不用多說，世界各地都認為這是落在地上的星星。1973 年，德克薩斯州達拉斯一個小郊區的居民，看到移動的、像鬼口水般的鮮黃色黏菌感到恐懼，還以為是外星細菌侵襲地球。

今天，年輕人一般認為古代神話稀奇古怪，但香港著名科幻小說家倪匡就說過，中國的古代神話典籍例如《山海經》、《聊齋誌異》，在他來看，是絕佳的科幻小說題材。

5　《山海經・中山經》原句：「帝女死焉，其名曰女尸，化為䔿草，其葉胥成，其華黃，其實如菟丘，服之媚於人。」

6　《太平御覽》原句：「帝之季女也，名曰瑤姬。未行而亡，封巫山之臺。精魂依草，實為莖之（靈芝）。」

◉ 迷幻蘑菇帶動的 宗教靈性經驗

真菌之神秘，除了以上習性，還少不免由於部分菇菌的致幻特質。那些神經致幻型的毒菇，簡稱「迷幻菇」，神秘誘人，其吸引力及影響力一定不亞於食用菇類。2011 年，美國農業部植物病理學家弗蘭克・杜根 (Frank Dugan) 博士發表了《世界民族菇菌學概論》(*Conspectus of World Ethnomycology*) 一書，結集了世界各地大眾對菇菌的認知與用途，在眾多的民間用途中，便以迷幻菇最為人熟悉。

迷幻菇菌種類很多，有毒蠅鵝膏菌、豹斑鵝膏、裸傘屬、杯傘屬、絲蓋傘屬、花褶傘屬、類臍菇屬、裸蓋傘屬等等。以上大部分種類都能在世界各地的森林中找到，包括中國內地、香港和台灣地區都有。

迷幻菇之所以致幻，源於它們含有某些特別的化學物質，包括裸蓋菇素 (Psilocybin、Psilocin) 以及毒蕈鹼 (Muscarine)。人類食用後，30 分鐘至兩小時內會開始有反應，症狀為精神錯亂、興奮、生出各種幻覺；也會流汗、流淚、發熱、流涎、心跳減慢、血壓降低，是強烈刺激副交感神經的結果。

再仔細分類，這些「致幻」反應大概分為兩個層次。在行為上，進食迷幻菇會讓你感到陶醉，你或會移動物件、跳舞、唱歌、叫喊和跑來跑去。有些人因而變得比平常氣力大，也有些人變得能歌善舞。在思想或精神層次上，這通常稱為「薩滿」層次，它讓你相信你可以飛翔、看到死人、變身為動物、與大自然交流，或者穿越時空、看見地球縮影。對於大多數人而言，致幻反應會在四到六個小時後消失，但最特別的是，致幻的感覺和

看見的奇幻情境可以在心中留下「強大而持久的印象」。以科學語言來說，大腦中有些部分通常不會互相交流，但迷幻菇倒可刺激這些部分之間的深層聯繫，並且這種影響似乎非常持久和深遠，是近年使用功能性磁共振成像（fMRI）的研究方向。

為什麼服食菇菌後會出現這些嚇人反應？那人是「癲咗」？撞鬼？被邪靈附身？這些反應對人的大腦又會有什麼短期或長遠的影響？這些問題，一般人尚且無法理解，看見自己或他人有這些反應，都容易被嚇壞，何況早期人類，更是「知其然，而不知其所以然」。他們較多依賴對自然環境的觀察與經驗，由此形成一套自然信念系統，卻欠缺現代科學知識，不能完全解釋事情發生的邏輯機制，不明瞭理由和前因後果。比如有些人是知道部分菇類有毒的，但他們不知道毒理化合物的特性和中毒機制。

這種知識的落差或者解釋得到，為什麼在不同歷史時期，迷幻菇都與宗教和靈性經驗有著千絲萬縷的聯繫，更在人類的童話與傳說中留下了神秘難測的形象。

追溯很多地方的歷史，在很多原住民社會中，迷幻菇都被認為是神聖之物，是人與超自然之間神聖的媒介。對於進食迷幻菇後產生的幻覺，他們視為神所賜的禮物。服食菇菌更常被制度化成儀式活動，發揮治療、占卜（為獲得信息）及社會化（建立社會群體和制度）等用途。

比如在南美洲或中美洲的一些部落裡，每一位男性成員達到某個年紀後（約 20 歲），會被甄選在成人禮儀式上品嚐這些迷幻菇類，以此啟發生命，確立一些重要的人生目標。至於在古印度，相信是以迷幻菇菌製成的「蘇麻」（Soma）則曾是神經性麻醉藥，早在 3,500 年前雅利安人時代的巫術宗教儀式中，便有至高的地位。古印度的《吠陀經》裡有 1,000 多首聖歌，當中有 120 多首都是專門讚美蘇麻的。《吠陀經》裡更描述過

一個神聖又詭異的儀式：祭司首先會服用迷幻飲料，
然後小解，以尿液排出蘇麻，其他人則會飲用其
尿液，從中獲得迷幻效果。這祭祀儀式的意義
是賦予飲用者超自然之力或永生之力，是個
象徵長生不老的長壽祝福。

飲用尿液都有迷幻效果，聽上去似乎匪夷所思，
但根據我和香港醫院管理局毒理學參考化驗室合
作的多年經驗，當市民進食有毒菇類後，在數個
小時內的確可以從尿液中檢測出菇類毒素，這
顯示可致幻的化學物質沒有被腸胃或肝臟
吸收，會在尿液中排走；是以飲用祭司
的尿液，確實可以攝取當中可致幻的化
學物質。據學者瓦森的研究，蘇麻的重
要成份正是來自毒蠅鵝膏菌（*Amanita
muscaria*）。這種菇菌又名為毒蠅傘（Fly
Agaric），別稱「天堂之柱」，是歷史最悠久、
使用最廣泛的致幻物。

毒蠅鵝膏菌

近年，人類學家更開始注意到，致幻物在原住民社會上有著舉
足輕重的角色。所謂儀式，通常有助整個族群建立集體意識，
可說是一個社會訂立制度和法律的開端。而由於人們通常是在
儀式裡服用迷幻菇，是以迷幻菇一直跟社群秩序息息相關。而
且服用後帶來的超自然經驗，也有助增強人們的信念，更勇於
嘗試新事物，包括更有信心突破環境限制，承受覓食壓力，迷
幻菇遂成為推動社會進步的一個轉捩點。很多宗教在早期成立
教會時，都會透過舉行服用迷幻菇的儀式，來穩定巫師作為領
導者的權威，讓追隨者信服。

◉ 童話、傳說和神話裡的迷幻身影

可以想像，菇菌的致幻特質，也必然在不同地方的童話、傳說和神話裡留下鮮明的身影。

例如英國文學中最著名、最經久不衰的兒童故事《愛麗絲夢遊仙境》，創作於 1865 年，故事中的女主角愛麗絲在聽了毛毛蟲的建議後吃下裸蓋傘，然後身體就忽然變大又變小，據說這段故事的靈感來源就是迷幻菇帶來的幻覺效果。

此外還不得不提聖誕老人的起源。其中一個較暗黑的版本，據說和毒蠅傘有莫大關聯，那是緣自西伯利亞的民間傳說。

據說西伯利亞的薩滿巫師，冬季時會穿著紅白衣服，騎著馴鹿到野外採集毒蠅傘。毒蠅傘生長在松樹底，蕈傘為紅色，長有白點，巫師會先把它們烘乾，降低毒性，再放進大袋裡，分發給民眾服食，讓他們可以跟鬼神溝通。由於大雪擋著了家家戶戶的門口，巫師會從煙囪中把菇菌放進去。巫師亦會讓馴鹿食用毒蠅傘，然後通過飲用其尿液，攝入毒蠅傘的致幻成分，除效果更好，亦減輕副作用。無論是聖誕老人紅白主調的衣服、馴鹿、禮物的大袋子、從煙囪派禮物，以至松樹於聖誕節的象徵性，皆和這西伯利亞的薩滿傳統有關。

這種紅色白點毒蠅傘，亦以精靈的身份出現在俄羅斯遠東地區一個少數民族，科里亞克族（Koryak）的神話之中。根據這民族的神話，烏鴉和鯨魚是朋友。有一天，鯨魚游得太近岸邊了，被困在泥裡。牠請求烏鴉把牠舉起來，護送牠回到深海。但是烏鴉卻不夠強壯，於是向萬物之神（Vahiyinin）求助。神告

訴牠，服用「瓦帕克」（Wapaq）精靈，就能獲得搬動鯨魚的力量。之後，萬物之神吐了一口痰，大地上就長出了無數頂著紅色帽子的小菇菌，唾液結成白色的小顆粒覆蓋在帽子上，它們正是「瓦帕克」精靈，也就是「毒蠅傘」。烏鴉吃了一些，果然很快就感到力大無比，能夠舉起鯨魚並將其送回大海。牠向萬物之神祈求將瓦帕克留在人間，當任何生病的人吃了它，就會告訴病者是什麼病、解釋夢的含義、告訴他們天上和地下世界，或預言未來。是以從此在人間就找得到這些毒蠅傘。這個神話，正正解釋了毒蠅傘的來源和效果，為當時族人覺得匪夷所思的東西，找到一個可以理解的故事框架，讓科里亞克族人得到安全感。所以神話即使不「科學」，仍是能夠展現出一些功能的。[7]

有時，我們會把「神話傳說」的英文「myth」譯成「迷思」。但這種譯法，某程度上是基於西方科學的角度，認為古代神話是非科學的一種幻想。這種想法無疑誤解了古代人心中的思想框架。對不盡瞭解自然現象的古人來說，神靈、神話可能是他們理解和解釋未知世界的重要途徑。試想想，這些習性奇怪的生物突然出現，彷彿來無影去無蹤，異常迅速地生長，生命又異常短暫，在草地上形成的菇菌環，有些甚至會在夜晚發光，和長出奇異的形狀，人吃下還會有很不正常的反應。這些到底可以怎樣解釋？現代人即使擁有更多科學知識，面對著這些奇特的生命，也依然感覺驚奇！

7　https://www.penn.museum/sites/expedition/visionary-plants-and-ecstatic-shamanism/

◉「wing wing 地」催化的 大腦演化

讓人驚嘆的是，除了人類的歷史文獻，迷幻菇的應用更曾被追溯到遠古之前，可能影響了人類這物種的演化歷史。200 萬年前，我們人類的祖先，大腦只有今天平均大小的三分之一，比現代黑猩猩的大腦大一點。然後，這個大腦開始快速演化、成長，原因到底是什麼？古人類學家提出了許多可能性，包括工具的使用、語言、集體狩獵、人類這物種的社會性，以及迷幻菇的食用。這個謎團當然很難找到明確的答案，因為大腦不會變成化石，而人類的頭骨化石則只能揭示它們所容納的灰質的信息，鑑於證據不足，研究人員無法達成共識。但即便如此，這些假說仍各有理據支持，值得進一步研究下去。

1992 年，麥肯納（Terence Mckenna）出版的《眾神之食》（*Food of the Gods*）一書中便詳細介紹了迷幻菇這一假說。[8] 他設想我們遙遠的祖先咀嚼了能改變思維的迷幻菇，獲得迷幻體驗，如此連續幾代服食，人類這物種的大腦體積開始擴展開來。麥肯納將這假說稱為「石猿理論」（Stoned-ape Theory）。來到 2021 年，哥斯達黎加和美國演化人類學家何塞・阿爾塞（José Arce）及邁克爾・溫克爾曼（Michael Winkelman）亦提出了相似的假說，他們認為人類的祖先南方古猿，在 140 萬至 410 萬年前的整個演化歷史中，不可避免地「遇見」生長在蹄類動物糞便上的「迷幻菇菌」，並且偶然把它們吃下，於是攝入了當中的裸蓋菇素。這些裸蓋菇素刺激視力、性欲，引致狂喜和幻想體驗，結果催化了人類的自我反思意識，推動了語言發展，更推動了大腦信息處理能力的快速重組。[9]

人類是不是真的因為進食菇菌，變得更聰明、大腦更發達了？這些問題仍需要進一步研究下去。但可以肯定的是，菇菌的確影響了人類的社會發展進程，影響甚至超越現代人的想像。

8　McKenna, T.. (1992). *Food of the Gods: The Search for the Original Tree of Knowledge: A Radical History of Plants, Drugs, and Human Evolution*. Bantam Books, New York, US.

9　Arce, J.M.R., Winkelman, M.J. (2021). Psychedelics, sociality, and human evolution. *Frontiers in Psychology*, 12, 729425. https://doi.org/10.3389/fpsyg.2021.729425

◉ 致病菇菌留下的死神聯想

最後，談菇菌沒理由不談最陰暗的歷史。

曾幾何時，真菌讓人聯想到猶如死神來臨的致命感染、忽然中毒身亡的可怕、骯髒污穢的環境、像天譴一般的大量農作物毀滅。而這些印象，歷史上也確實有事實根據。

歷史上讓人恐懼的真菌疾病，莫過於中世紀時導致六萬人死亡的「聖安東尼之火」（St. Anthony's Fire）。這種病的成因是「麥角中毒」（Ergotism），由於人類食用了被真菌感染的穀類作物（如黑麥），過量攝取複合生物鹼，導致神經中毒和身體組織壞死。患者染病後，四肢會感到灼熱和抽搐，使患者不由自主地「跳舞」，因此這病當時又叫「舞蹈疫症」。其他症狀包括壞疽、產生幻覺，患者最後甚至會四肢發黑、殘廢、死亡。由 10 世紀開始，麥角中毒席捲法國南部，17 世紀的法國歷史學家弗朗索瓦·梅澤雷（François Eudes de Mézeray）有這樣的描述：「受難者們聚集在教堂向聖人們祈求。這些痛苦不堪的哭聲和四零八落的被『燃燒』的四肢，都激起人們的憐憫之心；腐爛的屍體發出的惡臭讓人無法忍受。」[10]

中世紀的歐洲人對此病所知甚少。但當時黑麥的培育和買賣不斷增加，亦讓大部分人處於感染「聖安東尼之火」的風險之下。穀物成熟後，麥角菌孢子在涼爽潮濕的氣候下能更快地繁殖，因此麥角中毒的風潮在歐洲中部更為嚴重。這疾病困擾著歐洲長達 700 年，有人認為這是邪靈附體，更與魔鬼扯上關係，因為患者大部分是女性。在 12 至 17 世紀期間，歐洲曾經發生大規模迫害女性事件，稱為「女巫審判」。幸好，隨著歐洲對黑麥的依賴減退，中毒事件亦逐漸消失，這些恐懼和對女性的極殘酷行徑亦成為歷史。

10　https://www.worldhistory.org/St_Anthony's_Fire/

而除了感染人類，真菌亦曾多次大規模地感染植物，毀滅了大量農作物，引發糧食危機。

自人類開始農耕以來，一直觀察到植物上的真菌病害問題。穀物病害在《聖經》中也有類似記載，如稻瘟病、枯萎病和黴病。古人普遍認為農作物收成與神靈有關。羅馬人認為羅比格斯（Robigus）和羅比戈（Robigo）是銹病之神和穀物之神，掌管莊稼的健康；人們會在每年的 4 月 25 日進行一年一度的羅比古斯（Robigalia）儀式，宰殺一隻紅狗和一隻羊，獻給銹神，求祂們保佑來年作物免於銹病。

以下各舉一個在歐美和亞洲的真菌感染植物例子。

19世紀愛爾蘭的馬鈴薯饑荒

馬鈴薯的原產地，原位於秘魯和玻利維亞之間的南美洲熱帶高地。馬鈴薯可謂理想的農作物：埋在地下腫脹的可食用塊莖，可免受地面的各種危害；而且它富含碳水化合物、蛋白質和維生素，讓印加人能夠在此基礎上建立文明。

與新大陸的許多文明一樣，印加帝國在 16 世紀被西班牙征服，馬鈴薯從此被帶回歐洲。然而，引入歐洲初期，歐洲人仍傾向於懷疑馬鈴薯與有毒的茄屬植物有關，有一些人甚至將麻風病和肺結核的爆發歸咎於它。直至 18 世紀後期，它終於流行起來，推動了歐洲的人口擴張和工業增長。

馬鈴薯在 1700 年代中期才被引入愛爾蘭，但到了 1800 年代，馬鈴薯已成為當地主糧，為人們提供 80% 的卡路里，還被用作農場動物的飼料。不幸的是，1845 年，由病原體疫黴菌（*Phytophthora infestans*）引發的「馬鈴薯晚疫病」（Potato Late Blight）席捲整個歐洲。這種對馬鈴薯的依賴，導致愛爾蘭在 1850 年代中期的饑荒裡，有超過 100 萬人

餓死，更觸發逃難潮，約 150 萬人移民至美國。時至今日，科學家已經發現 120 種致病的疫黴菌，它們仍然影響著世界各地的農作物。

稻瘟病：每年摧毀 30% 水稻

來到亞洲，著名的植物病害則少不了稻瘟病 (*Pyricularia grisea*)，又名「稻熱病」，針對的是水稻。它被認為起源於 7,000 年前的中國長江流域。宋應星在 1637 年出版的《天工開物》中描述了一個類似的問題：「凡苗吐穗（即抽穗）之後，暮夜鬼火遊燒……凡禾穗葉遇之，立刻焦炎」。他將這種疾病描述為「鬼火遊燒」、「焦炎」，這是因為水稻染病後會大面積枯死，酷似被火燒過一樣。隨後，此病於 1704 年在日本正式被記錄，1828 年也在意大利發現，又於 1913 年在印度的泰米爾納德邦首次報導。時至今日，稻瘟病在超過 85 個國家爆發，且每年反覆出現，造成 10% 至 30% 的莊稼損失，每年損失總計 2 億美元。在露水多、平均溫度高、濕度高和過量使用氮肥的條件下，此病更可摧毀高達 80% 作物。[11]

當然，即使這些糧食危機聽起來非常可怕，但事實上，廣泛種植單一農作物（現時的工業式農業運作）和缺乏植物病理學知識，才是導致真菌病害揮之不去而且日漸嚴重的根本原因。

11 Simkhada, K., Thapa, R. (2022). Rice blast, a major threat to the rice production and its various management techniques. *Turkish Journal of Agriculture - Food Science and Technology*, 10(2), 147-157. https://doi.org/10.24925/turjaf.v10i2.147-157.4548

◉ 改寫歷史的致命一口

值得一提的是，還有三位舉足輕重的歷史人物都命喪於毒菇之下，因此改寫了歷史。

其中一名菇菌主角是大型菇菌「毒鵝膏」（*Amanita phalloides*）。它有一個別稱叫「死亡帽」（Death Cap），外觀呈典型的傘型，菌傘是淺黃至淺褐色，表面光滑，邊緣無條紋，看似食用菇類，烹煮後亦無異樣，但是它內裡卻含有劇毒化學物質鵝膏毒肽（Amanitin），只需食用一隻，如果不立即進行肝解毒治療，死亡率高達 95% 以上。發病初期的症狀包括噁心、嘔吐、腹痛、腹瀉，此後一至兩天內症狀會減輕，表面上似乎病癒，患者也可以活動，但此時毒素已經進一步損害肝、腎、心臟、肺、腦等重要器官。病人的病情會在第四天後很快惡化，出現呼吸困難、中毒性肝炎，然後進入昏迷狀態，大約七至十天便會死亡。

第一個命喪於它手下的歷史人物，關乎一段聽來有點瘋狂的歷史。

據說，羅馬帝國第四任皇帝克勞狄烏斯（Claudius）最喜愛的食物之一，是橙蓋鵝膏菌（*Amanita caesarea*），那是唯一不含劇毒物質的鵝膏菌品種，也是羅馬貴族的高級食材。公元 54 年，在一次家庭晚宴中，他的第四任妻子小阿格里皮娜（Agrippina）把毒鵝膏摻雜在橙蓋鵝膏菌之中將他毒死，以求讓自己的兒子順利成為皇帝。塔西陀（Tacitus）在其著作《編年史》中記載道，毒藥是由投毒專家洛庫斯塔（Locusta）所準備，她為阿格里皮娜提供了一盤毒蘑菇，另一位歷史學家卡西烏斯・狄奧（Cassius Dio）也同意這種說法。

克勞狄烏斯死後，小阿格里皮娜的兒子年僅 17 歲便繼位成皇帝，便正是歐洲歷史上著名的暴君尼祿（Nero）。尼祿行事殘暴，包括殺死母親、幾任妻子以至諸多朝中大臣，並且大規模迫害基督徒。如果不是他的母親施以毒手，羅馬帝國乃至歐洲的歷史或者會改寫。

第二個故事發生在神聖羅馬帝國的奧地利維也納。

故事主人翁是神聖羅馬帝國皇帝兼奧地利大公查理六世（Charles VI）。在他的管治晚期，奧地利國力下降，反之，東西歐強國的元氣逐漸恢復。在 1737 至 1739 年與奧斯曼帝國的戰爭中，奧地利軍遭到決定性的大敗，失去了在 1716 至 1718 年奧土戰爭中奪取的大部分領土。及後，查理六世進一步被政治陰謀、領土爭端和財務危機所困擾。1740 年 10 月 20 日，官方聲稱他在潮濕和寒冷的天氣中穿越匈牙利邊境狩獵後，感染風寒而病死。然而，伏爾泰在他的回憶錄中寫道，查理六世致死的真正原因是在 10 月 10 日進食了毒鵝膏，在發病十天後去世。

這也符合鵝膏中毒的發病過程，進食後初期會嘔吐、腹痛、腹瀉，然後病徵稍為消失，進入兩天「假痊癒期」。在這個緩衝的期間，顧問們把查理六世帶到他最喜愛的維也納宮殿裡休息，可惜他的病情因為急性肝中毒在幾天後迅速惡化，也在那裡去世。究竟是誰下的毒？是否因為朝中大臣建議他以死了斷？歷史沒有清楚的交代。但他的死，確實改寫了歐洲的命運，引發了奧地利王位繼承戰爭。難怪伏爾泰說：「歐洲的命運被一盆菇菌改變了！」王位最終落在查理六世一手培育的繼承人瑪麗亞・泰瑞莎（Maria Theresa）手上，成為哈布斯堡王朝唯一的女性統治者，統治範圍覆蓋奧地利、匈牙利王國、克羅地亞、波希米亞等國家。

第三個故事和佛教創始人釋迦牟尼有關。

佛教經典中曾記述，釋迦牟尼圓寂前進食了「Sūkara-maddava」，因食物中毒去世。但這個「最後晚餐」的爭論點在於「Sūkara-maddava」的翻譯，這個詞是古印度巴利語，一些學者認定它是菇菌的一種，另一派學者則認為是豬肉。

公元前 5 世紀，印度佛教的哲學植根於素食主義，在主要教義中嚴格規範殺生。然而，佛陀也不是不允許吃肉，在三種條件之下是允許的（眼不見殺，耳不聞殺，不為己所殺），尤其僧人的食物來自「化緣」，求到什麼就吃什麼。但是，印度人以務農為生，牛作為農耕動物，一般都不會吃；豬肉也很少吃，因為豬的地位非常低下，印度人覺得吃豬肉是下賤的行為。問題的癥結是，佛陀是否在圓寂前吃了受細菌感染的豬肉？以說一個漂亮故事為原則，學者較傾向於認為這頓晚餐，佛陀是進食了他喜愛的食物，或者是菇菌類，因食物中毒身亡。[12]

無論如何，這個故事再一次把菇菌搬進歷史的轉捩點，證明菇菌在歷史上的影響力實在不容忽視。

12　Wasson, R.G., O'Flaherty, W.D. (1982). The last meal of the Buddha. *Journal of the American Oriental Society*, 102(4), 591-603.

第四章

帶動人類飲食文化的
低調伙伴

- 菇菌的無敵鮮味Umami
- 野生菇菌走上餐桌
- 火種旁邊的助燃真菌
- 古代廚房裡的生物技術
- 種菇得菇的農業國家

◉ 菇菌的無敵鮮味Umami

試想想這些食物的味道：意大利和西班牙風乾火腿、煙燻三文魚、醬油、味噌、魚子醬、魚露、各類芝士、香腸、蝦醬、海帶、木魚絲、紫菜……讀者或者會勾起一些鮮味的回憶。

它們之間有什麼共通點嗎？它們雖然看似是完全不同的食物，卻跟菇菌有著一樣的特徵，就是鮮味，亦稱為「第五種味道」。

第五種味道，是1908年由日本化學家池田菊苗教授命名的「令人愉快的鹹味」，日語稱為「うま味」(Umami)。此味道不但刺激舌頭上的味蕾，而且刺激喉嚨、上顎和口腔後部，造就一種溫和而持久的回味，通常稱作「鮮味」或者「可口的味道」。

歐美國家過去只承認酸、甜、苦、鹹四種基礎味道。直至池田教授的論文在日本發表後翻譯成英文，第五種味道 Umami，由寂寂無聞漸漸躍升成為美食進化拼圖中的一個迷人部分，現在連外國人也用這日語名稱。池田菊苗這一發現，改變了世界對味道的原始概念。

用較化學的講法，根據近年的研究，Umami 的鮮味是來自谷氨酸 (Glutamate)、核苷酸 (Nucleotides) 和一些游離氨基酸 (Free Amino Acids)。這些物質本身並沒有味道，但它使各種各樣的食物變得更可口，例如經過實驗，添加 2% 平菇粉便可以提高蔬菜湯的質量，增加消費者的認可度。幾年前的研究也證實，我們的口腔裡有味覺接收器，可以感受這種 Umami——鮮美的味道。

那為什麼愈來愈多人追求 Umami，想尋找隱世的鮮味？這是因為時代進步了，消費者發現到愈來愈多非天然食品添加劑的壞處，「舌尖」的要求也變得愈來愈挑剔。

影響所及，含有 Umami 的重要代表食材——菇菌，也獲得愈來愈多關注。單說學術界的研究，由 2000 至 2018 年之間，共有 146 篇刊登於科學期刊的文章研究菇菌類的 Umami 鮮味，而且明顯看見上升的趨勢。科學家甚至會仔細地討論到，菇菌類的 Umami 如何受品種、產地、成熟度、等級、部位和儲存方法等幾個因素所影響。

其中，有「菌中之王」之稱的松茸，一直是令人趨之若鶩的世界級珍稀食材，其芳香和鮮味實在令人一試難忘。日本是世界上松茸消費量最大的國家，影響著全球松茸的價格走向，每年菌季期間，日本各大傳媒都定必大肆報導最新價格，包括什麼產地出產最大最貴的松茸王。

松茸之所以珍貴，是因為它一般生長於海拔 1,500 至 3,000 米以上的深山松樹林或者混交森林，是松樹的外生菌根真菌，而且一直未能發展出有效的人工培植。新松樹與松茸菌絲形成外生菌根，需時短則五六年，長則超過十多年。可是松茸與松樹的共生關係是怎樣形成的？至今人類仍然未能拆解。就算科學家如何努力，都不能培植出能媲美野生松茸子實體的大小和香氣。最大最貴的松茸王，一般生長在數百年歷史的森林深處，農民需要攀山涉水才可以採得。如此苛刻的條件，使松茸價格一直高企不下。

那為什麼松茸鮮味驚人，令人一試難忘？用化學物質來分析的話，松茸的 Umami 主要來自多種游離氨基酸，尤其是谷氨酸、天冬氨酸、鳥氨酸、酪氨酸、丙胺酸，還有多種 5'-核糖核苷酸 (5'-ribonucleotides) 等等，而且不同大小、等級、產地的松茸含有的 Umami 差異甚大，由每 100 克

13.26EUC（Umami 濃度單位）至 204.26EUC 不等。[1] 要有效釋放松茸細胞內的 Umami，有一個簡單又科學的方法，就是輕輕用手撕開菇菌纖維（不用刀切），在不加油的鑊上烤，俗稱白鑊烤，然後沾點日本芥末醬油，是品嚐原始 Umami 的其中一個吃法。

當然，也不必吃那麼高級的松茸才能一嚐菇菌的 Umami 鮮味。比如香菇，即我們平日吃的冬菇（又稱北菇、香蕈、厚菇、薄菇、花菇、椎茸）裡面也含有 Umami，主要來自游離氨基酸、谷氨酸、天冬氨酸、5'- 核糖核苷酸〔特別是鳥苷酸（5'-GMP）、肌苷酸（5'-IMP）、單磷酸腺苷（5'-AMP）及單磷酸核苷（5'-XMP）〕，對鮮味有協同作用。與其他種類的蘑菇相比，香菇具有最高水平的核糖核苷酸。

再細分的話，香菇在新鮮和乾燥的狀態，還會各自呈現不同的香味，原因是不同的揮發性化學物質。新鮮香菇帶有一種甜味、泥土味，或者類似洋蔥和捲心菜的氣味。前者主要來自揮發物 1- 辛烯 - 3 - 醇（1-octen-3-ol）；後者則來自二甲基二硫（Dimethyl Disulfide）。當香菇乾燥後，環狀硫化合物則會增加，例如 1,2,4 - 三硫雜環戊烷（1,2,4-trithiolane），而且鳥苷酸（5'-GMP）和香菇素（Lenthionine）也會顯著增加。所以，乾香菇較新鮮香菇味道更濃郁，香氣較為深邃、醇厚，帶點「森林」清香，風味不同。

1　Cho, I. H., Choi, H-Y., Kim Y-S. (2010). Comparison of umami-taste active components in the pileus and stipe of pine-mushrooms (*Tricholoma matsutake* Sing.) of different grades. *Food Chemistry*, 118(3), 804-807.

◉ 野生菇菌走上餐桌

細數下去，帶有鮮味的食用菇類還有無數那麼多種，遍佈世界各地，不能盡錄。菇菌，除了因著其致幻和神秘的特質，形塑人類文明，亦是人類飲食文明裡經常出現的好伙伴。

那菇類是怎樣成為人類桌上佳餚的呢？不難想像，上百萬年前，在不同地方生活的人，在大雨過後發現了菇的蹤影，各類品種顏色豐富，吃過之後，除了部分會令人中毒，部分則味道非常鮮香，從此被人類納入了食材之列。現時食用菇類大約有2,000 多種，愛好者遍佈世界各地。

比如科學家相信，非洲的遠古人科動物南方古猿，乃從樹上慢慢遷移到地上生活，適應兩腳行走，其間無可避免地發現了菇菌類，並且將其融入到古代飲食。古生物學家嘗試從考古挖掘出來的牙齒（頰側牙齒的微磨損數據）和顎骨解剖學，分析他們當時的飲食習慣，估計他們當時以葉、草、根、樹皮、花朵、水果、地衣、塊莖、種子和菇菌為食。當時的非洲植被充足，雨量充沛，大型菇菌的物種多樣性理應不錯。[2]

至於在歐洲，早在舊石器時代晚期，西班牙北部的人類已會食用各種蔬菜和菇菌。2015 年，研究員在一名 35 至 40 歲女性遺骸的牙菌斑中發現了傘菌目和牛肝菌的孢子，遺骸的歷史可追溯至 18,700 年前。[3] 另外在一個 13,000 年歷史的智利考古遺址中，考古學家也發現當時的人類已經懂得狩獵和採集，他們在春天採漿果，秋天採栗子，還吃菇菌、馬鈴薯和沼澤草。[4]

來到較近期的 2,000 年前，古羅馬博物學者普林紐斯（老普林尼，Pliny the Elder）在他的經典科學巨著——公元 77 至 79 年

2   Arce, J.M.R., Winkelman, M.J. (2021). Psychedelics, sociality, and human evolution. *Frontiers in Psychology*, 12, 729425. https://doi.org/10.3389/fpsyg.2021.729425

3   Straus, L.G., González, M.M.R., Carretero, J.M., Marín-Arroyo, A.B.(2015). "The Red Lady of El Mirón". Lower Magdalenian life and death in Oldest Dryas Cantabrian Spain: An overview. *Journal of Archaeological Science*, 60, 134–137. https://doi.org/10.1016/j.jas.2015.02.034

4   https://archive.nytimes.com/www.nytimes.com/library/national/science/021197sci-archeology-chile.html

間成書的《自然史》（*Naturalis Historia*）中也提及野生食用菇菌，包括松露的優劣，好的松露不含沙子和雜質，及食用牛肝菌可以很好地作為腸道的補救措施，減少並及時去除肛門的肉質贅生物；它可去除雀斑及女性臉上的瑕疵；一種治療乳液也由它們製成，就如同用於舒緩眼睛痠痛；如果浸泡在水中，可用作藥膏，治療頭部潰瘍和皮疹，以及被狗咬傷的患處。

至於在南美，達爾文在 1832 年 12 月乘搭「小獵犬號」探險時，在智利的火地島（Tierra del Fuego）發現原住民赤身露體但不怕冷，原因是他們會吃一種寄生在山毛櫸樹幹上的球狀真菌，呈淡黃或鮮橙色，圓脹如哥爾夫球般，叫瘦果盤菌（*Cyttaria darwinii*）。那是當地人重要的食物，原住民還會發酵這種菇菌，釀造成淡酒飲用。達爾文在日記上寫，原住民的婦女和小孩會出門採這種菇，進食方法是生吃，口感微甜，有黏液和淡淡的菇類氣味；當地人除了這菇以外，並沒有再吃什麼蔬果。這種菇菌後來以達爾文命名，而他當年採集的標本，至今仍完好保存在英國皇家植物園（Kew Garden）的真菌標本館中。科學界相信，有許多原始地區的原住民從古至今都依賴菇菌為生，特別是每逢戰亂或荒年，常靠菇菌渡過難關。

瘦果盤菌

返回亞洲，中國食用菇菌的野生資源豐富，加上中國人普遍愛吃菇類，食用菇菌無論採集與利用都有悠久的歷史。1977 年在浙江餘姚河姆渡新石器遺址出土的化石表明，在距今 5,000 至 7,000 年前，長江下游已經存在燦爛的文化，遺址中發現了數量豐富的栽培稻米及相關農具，菇菌類和其他果實存放在一起，有力地說明了中國食用菌菇的歷史至少有 6,000 年了。成書於 2,200 多年前的《禮記》也有介紹菇類，初步了解它們具有不開花就能結果的特性，是中國最早關於食用菇的記載；此外，蒐集了秦漢時期眾多醫家學說的中國藥典《神農本草經》亦有記載茯苓、靈芝、蟲草、木耳等。

◉ 火種旁邊的助燃真菌

但在人類開始食用菇菌之前，其實還有兩段歷史值得提及；低調的真菌原來悄悄地介入了人類的演化歷史。

人類的演化史中，懂得生火，是一次重要的突破。據撰寫《著火：烹飪如何使我們成為人類》的人類學家理察・蘭厄姆（Richard Wrangham）所說，人類在約 200 萬年前就開始以火來烹飪，火為我們提供了更美味的晚餐，而那些經過烹調的食物，更提供了大腦所需的額外營養和剩餘能量。可以想像，這必定是一個驚險、涉及無數失敗和犧牲的過程，而圍繞著火的神話與傳奇也充斥在不同的文化之中。這證明用火的好處不少，足以吸引人類冒生命危險去鑽研它的用途：在夜間提供照明和溫暖、烹調食物、驚嚇動物，以及煙霧可以有效地驅除昆蟲。

可是，你可曾想過，真菌也有份參與人類生火的歷史？在歐洲，以火絨菌（Tinder Fungus）助燃的技術保留了數千年，直至 19 世紀的歐洲，仍然大量生產被稱為「阿馬杜」（Amadou）的助燃菌，有些或會添加硝酸鈉，以增加助燃性。[5] 而在 1991 年，考古學家在奧地利與意大利邊境的阿爾卑斯山上，發現了一具 5,000 多年前的「冰人」屍體，估計當時他嘗試穿越山口，可惜計劃失敗，被冰封數千年。令人驚嘆不已的是，他的腰包裡竟然配備了一個起火工具包，有黃鐵礦、燧石和火絨菌——木蹄層孔菌（Fomes fomentarius）。換句話說，原來當時的技術已經懂得將真菌研磨至細而蓬鬆，然後將其堆放在軟體動物的殼中作為火種，用燧石和黃鐵礦點燃生火。據此考古發現，科學家推測大約在 5,000 至 10,000 年前，人類已經掌握使用菇菌助燃的方法了。[6]

5 Peintner, U., Pöder, R., Pümpel, T. (1998). The iceman's fungi. *Mycol. Res.*, 102 (10), 1153-1162.

6 Ibid.

換言之，菇類除了煮熟食用之外，亦能助燃生火。根據中國科學院微生物研究所趙瑞琳博士在 2016 年的研究指出，人類最常食用的牛肝菌目（Boletales）及蘑菇目（Agaricales）分別大約在 1 億 4,000 萬及 1 億 5,000 萬年前分化出來，另外蘑菇屬也在 3,000 萬年前左右分化出來。[7] 然後來到約 5,000至 10,000 年前，人類懂得生火，終於開始煮菇類吃了。

木蹄層孔菌

7　Zhao, R.L. et al. (2016). Towards standardizing taxonomic ranks using divergence times – a case study for reconstruction of the *Agaricus* taxonomic system. *Fungal Diversity*, 78(1), 239-292. https://doi.org/10.1007/s13225-016-0357-x

◉ 古代廚房裡的生物技術

如果你說，你不喜歡吃菇類，所以你的生活跟菇菌沒什麼接觸，那你就錯了。在平日飲食中，你肯定吃過靠微型真菌製造出來的食物。

說的正是發酵技術。古人的厲害，是在當年還沒有放大鏡，無法以肉眼看見這些微型真菌的時候，已經在應用它們了。

「發酵」（Fermentation），指的是一種輕度發泡狀態，通常是以特定細菌、酵母或黴菌等的微生物，透過酵素（酶，Enzyme）的作用去分解有機物。以真菌來發酵的食物及飲料，例子數之不盡，包括：

● 　魚類發酵食物：如鰹魚乾（又稱柴魚、木魚）等；
● 　穀類發酵食物：如醋、酒釀、麵包、紅麴米等；
● 　豆類發酵食物：如味噌、納豆、腐乳、臭豆腐、醬油、
　　印尼天貝等；
● 　蔬果類發酵食物：如韓式泡菜、德式酸菜、酸黃瓜、
　　東北酸白菜等；
● 　乳製品發酵食物及飲料：如藍芝士、發酵奶等；
● 　發酵飲料：如蒸餾酒（威士忌、白蘭地、伏特加等）、
　　黃酒、果酒、啤酒、紅茶等。

人類利用發酵的方法製作食物及飲料，歷史悠久。比如早在1,500 年前的《齊民要術》中，已經有記載微型真菌繁殖時產生的菌絲和毛狀物，有綠色、黑色、白色、黃色，古人稱之為「衣」，而真菌對基質所產生之質感變化，則稱為「勢」。《齊民要術》是一本什麼書？它成書於公元 6 世紀，收錄了中國黃

河下游的農藝、園藝、造林、蠶桑、釀造、烹飪等技術。原來，古人認為培養好「衣」及善待其「勢」，便可以用作釀酒、製醬以及製豉等⋯⋯想像一下他們多有智慧。

更早的證據，來自約公元前 4300 年的希臘，當時人們已經懂得發酵水果和穀物。另有研究指出，大約 8,600 至 9,600 年前已經有發酵魚，甚至，根據津巴布韋洞穴中發現的數百萬個保存完好的馬魯拉果，或者說明早於 12,000 年前，古桑人已懂得利用發酵方法長期保存食物了。

發酵之所以那麼普遍，緣於它是一種非常有效的食品保鮮技術。在發酵過程中，會局部產生高濃度的乙醇和乳酸，從而阻止微生物的生長和存活。其次，發酵提高了食物的營養價值，轉化食物質感，甚至分解毒素，因此一些有毒食物如河豚和木薯，只有在發酵後才能食用。2021 年，美國伊利諾伊州西北大學人類學系凱瑟琳·阿馬托（Katherine Amato）博士和她的團隊便提出了一個新假說，指人類製作發酵食品最初是一種「預消化」的策略，以物理和化學方法守護糧食資源，好增加在惡劣環境中的營養供應。人類透過把一般的食物發酵，提升層次，讓食物類別更豐富，也使自己更健康，是一個人類與食物之間的相互作用，最後甚至影響演化軌跡。[8]

最近的基因研究顯示，人類的 ADH4 和 HCA3 基因變異大約在 1,000 萬年前的靈長類動物出現，被認為與發酵食品的消耗量增加有關。[9]、[10] 這說明，發酵食品的演化歷史可能比目前考古所能檢測到的更遠。原來，未有人類之前，靈長類動物已經進食發酵食物。你有這樣想像過嗎？原來發酵食物影響極其深遠，但卻超級低調。

很巧合地，用來培養發酵食物的「菌種」英文是「Culture」，與「文化」（Culture）一樣。微生學領域與人類文化的「Culture」，都與環境息息相關。菌種需要先有一個適合生存的環境和氣

8　Amato, K.R., Mallott, E.K., Maia, P.D., Sardaro, M.L.S. (2021). Predigestion as an evolutionary impetus for human use of fermented food. *Current Anthropology*, 62(S24)，S207-S219. https://doi.org/10.1086/715238

9　Peters, A. et al. (2019). Metabolites of lactic acid bacteria present in fermented foods are highly potent agonists of human hydroxycarboxylic acid receptor 3. *PLoS Genetics*, 15(5), e1008145.

10　Carrigan, M.A. et al. (2014). Hominids adapted to metabolize ethanol long before human-directed fermentation. *Proceedings of the National Academy of Sciences of the United States of America*, 112(2), 458–463.

候才可以培植，這動作便是「Cultivation」。同樣，當人類按照當地的自然資源，建立了生活技術，這些技術有機會再傳開，讓他人應用，便成為了「文化」。比如要建立搭棚技術，需要當地先有竹子。當地能夠種米，氣候亦適合酵母菌生存，就誕生了獨特的發酵食物飲料。這些飲料，可謂由微生物的「Culture」，跳進了人類的「Culture」，變成當地人的生活，是兩種「Culture」的結合。

◉ 種菇得菇的農業國家

提到菇菌和飲食，最後還有個國家特別值得一提。

環顧世界上不同種族，食用菇菌大多是採集野生；至於較早期已懂得將菇菌納入農業範疇，栽培食用及藥用菇類，量化生產以支持社區人口的，則要數中國了。現今世界各地廣泛栽培40至50類菇菌，如香菇、草菇、銀耳、木耳及茯苓等，當中技術大多源自中國超過千年栽培菇菌的歷史。如果要區分中國人傾向菇菌狂熱者還是畏菇者，相信是前者吧。

早於東漢時，王充《論衡·初稟篇》（約公元86年）已經了解野生菇的特質，寫出「紫芝之栽如豆……稟氣而生」；至於東晉時期的《抱朴子·內篇》（約公元317年）更宣揚種芝的價值，它與野生菇菌一樣，皆使人長生。[11]

再追至公元前770年的周朝，人們已開始人工栽種茯苓。茯苓是今日香港常見的中藥材，用以去濕健脾。茯苓通常寄生於松樹上，成熟後可摘採陰乾。苓皮起皺時削下，即為茯苓皮，可以消減水腫；內部切成薄片，白色者為茯苓片，粉紅色者為赤茯苓，中心有木（松根）者為茯神，可以寧心安神。至宋朝時，周密寫的史料筆記《癸辛雜識》中便描述過如何種植茯苓：農民會選一塊小的幼苓，把它接種在松樹樹椿下部砍出來的根部，用松木片覆蓋並捆緊，讓根部樹液滲入幼苓，再埋於泥土內，三年之後便可以收成。[12] 這些技術絕非容易，當時民間的智慧實在厲害。

至於木耳，則是隋唐時期（581-907年）的古人已開始栽種。甄權《藥性論》便有論木耳藥性以及栽種的方法：「煮漿粥安槐木上，草覆之，即生蕈（木耳）。」

11 《抱朴子·內篇》原句：「夫芝菌者，自然而生，而仙經有以五石五木種芝，芝生，取而服之，亦與自然芝無異，俱令人長生。」

12 周密《癸辛雜識》原句：「茯苓生於大松之根，尚矣。近世村民乃擇其小者，以大松根破而繫於其中，而緊束之，使脂液滲入於內，然後擇地之沃者，坎而瘞之。三年乃取，則成大苓矣。」

至於金針菇，在唐代時（681-907 年）已有人總結自東漢以來的民間栽種技術，由韓鄂收載入《四時纂要》中。當中寫到至今仍採用的「畦床栽培法」，即先選擇一塊陰涼通風的土地，找一些六、七尺長的木材截斷和弄碎，均勻地放於泥土中，用泥土覆蓋，並持續澆灌，讓泥土長期保持濕潤。假若發現有小菇菌長出來，用泥耙扒走，直至第三次才採收，那就是香港人今日用肥牛片包著吃的美食了。[13]

至於冬菇，則是南宋嘉定二年（1209 年）時，何澹撰寫的《龍泉縣誌》開始記載有人工栽種香菇。至明代，陸容在《菽園雜記》中，再詳細敘述了如何種冬菇，也即是現代人所認識的「砍花法」：將原木伐倒，在樹皮上剁上斧痕，讓香菇的孢子在斧痕上萌發，在樹皮內形成菌絲，經兩年以上的培菌管理形成香菇。這種生產香菇的技術，可說是科學智慧的結晶。[14]

古人除了懂得採食及栽培外，還深知貯存的重要。民間最簡單的方法為乾製貯藏，此法最早見於賈思勰的《齊民要術》（公元544 年），其書第九卷〈素食篇〉有「焦菌法」，寫到如果想保存菇類至冬天，在採收後，用鹽水洗去多餘泥土，用蒸爐蒸煮，然後放在屋內陰乾。[15] 此方法最合乎今天的科學原則。陳仁玉《菌譜》則記載，如果想長久貯存菇類，可以大火沸水蒸熟，再放入瓶罌貯存。[16] 這種方法更進一步，是今天罐裝的概念。陰乾、曬乾、烘乾、醃製、油漬、蜜餞、燻製以及醉製法等等，都是古人貯存菇類的方法。

此外，中國還有多本栽培食用菌類的專書，包括南宋時期寫成的《菌譜》（1245 年），由陳仁玉經親身調查研究、品嚐後寫成。書中所錄菇菌有 11 種，記述了產菌之地、採菌之時，以及其形狀、性味、品級，也記述食用方法，書末還附有解菇類中毒的方法，給居住於深山的人參考，猶如集田野調查報告、生態書、科普書、烹飪書、醫學常識書於一身的專著。來到清朝，吳林再在南宋《菌譜》、明代《廣菌譜》的基礎上寫成《吳蕈

13　韓鄂《四時纂要》原句：「畦中下爛糞，取構木可長六、七尺，截斷碮碎，如種菜法，於畦中勻佈，土蓋。水澆長令潤，如初者有小菌子，仰耙推之，明旦又出，亦推之，三度後出者大，即收食之。本自構木，食之不損人。」

14　陸容《菽園雜記》原句：「用乾心木、橄欖木，名曰蕈樄。先就深山下砍倒仆地，用斧班駁鏨木皮上，候淹濕，經二年，始間生。至第三年，蕈乃遍出。每經立春後，地氣發洩，雷雨震動，則交出木上，始採取。以竹篾穿掛，焙乾。至秋冬之交，再用木遍敲擊。其蕈間出，名曰驚蕈，惟經雨則出多，所製亦如春法，但不若春蕈之厚耳。」

15　《齊民要術》第九卷〈素食篇〉原句：「（菌）其多取，欲經冬春，收取，鹽汁洗去土，蒸令氣餾，下著屋北陰乾之。」

16　《菌譜》原句：「（蕈菌）或欲致遠，則復湯蒸熟，貯之瓶罌。」

譜》（1703 年），記述了數十種野生食用菌的生態、特性和功能，將它們分成上中下三品，且附入不少相關掌故，為三譜之中成書最晚而水平最高者。

想表達的是，橫跨二千年，中國仍然是世界上最積極培植菇類的國家。根據 2019 年刊登於《真菌多樣性》期刊的文章，現時中國食用菌共有 1,020 種，藥用真菌有 692 種。其中已經達成人工栽培或半人工栽培的食用菌超過 90 種。

至今為止，中國人工栽培的真菌，幾乎全部是腐生型，約佔大型真菌的 30% 以上。根據腐生真菌生長基質的不同，它們可分為三類：一、「木生類」：以倒木、樹樁和木材為栽培基質，主要有側耳屬、香菇屬、木耳屬、銀耳屬、猴頭屬、鱗傘屬、田頭菇屬和多孔菌目等；二、「土生類」：包括以土壤和地表淺層的腐殖質層為栽培基質的種類，如羊肚菌屬、竹蓀屬、香蘑屬、小包腳菇屬、蘑菇屬和田頭菇屬等；三、「糞生類」：以糞便、馬廄肥、腐爛草堆等有機廢料為栽培基質的種類，如鬼傘屬、蘑菇屬、田頭菇屬及有毒的斑褶菇屬和裸蓋傘屬。

至於共生類型（菌根真菌）和寄生類型（蟲生真菌等），則可以實施在天然環境的半人工栽培，結合植樹造林，人工促繁增產，例子包括松茸群和蟲草屬等。中國菌類資源以及有機廢料均很豐富，有利發展食用菌栽培。

中國食用菌的栽培方式，來到近代也有很大轉變，既從段木栽培變成袋料栽培，也從手工生產走向機械化生產，亦由菇棚季節性生產，邁向全天候全年生產，並已經廣泛應用自動化生產技術和信息化管理方式。這段發展，將會在之後的章節詳述。

第五章

是毒藥、毒品，
還是藥物？
菇菌帶來的醫學曙光

◉ 破解癌症的密碼

癌症從古到今都是造成人類死亡的重要元兇。據考古發掘出來的人體內腫瘤化石、木乃伊和古代手稿的研究，遠至 3,000 年前，人類已經會患上癌症了。來到今日，癌症更是多年來香港人的頭號殺手。在 2020 年的登記死亡人數當中，有 29.2% 都是死於癌症，首五類致命癌症依次為肺癌、大腸癌、肝癌、胰臟癌及乳癌。[1] 至於在美國，癌症亦是僅次於心臟病的第二大常見死因。2022 年，美國約有 190 萬新癌症病例和 60 萬例癌症死亡，即每天約 1,670 例死亡。[2]

更痛苦的是，現代西醫治療癌症的主流方法仍然是一把雙刃劍，即使最後成功去掉或某程度上控制著癌細胞，所謂「康復」了，但療法同時也會殺死正常細胞，含有相當大的毒性，令患者在療程期間得承受巨大的身體和精神痛苦。

面對這病，全球頂尖醫生和藥廠都不斷努力投入新的研究。時至今日，美國國家衛生研究院每年超過 400 億美元的預算之中，便有高達 69 億是撥給美國國家癌症研究院的，佔了足足一成七。

那麼，在這試圖破解癌症密碼的龐大研究領域之中，真菌也有角色嗎？原來是有的。

做麵包的酵母菌，也是癌症研究的得力助手

平日我們吃麵包，那些鬆軟、煙韌的質感，是酵母菌的功勞。酵母菌是一種單細胞的真菌，樣子極為簡單，通常以出芽繁殖，有的能進行二等分裂，有的能產生子囊孢子。它廣泛分佈於自然界，尤其在葡萄等水果和蔬菜上最多。酵母菌的作用，是把

1　https://www.healthyhk.
gov.hk/phisweb/en/chart_
detail/54/

2　https://www.cancer.org/
latest-news/facts-and-
figures-2022.html

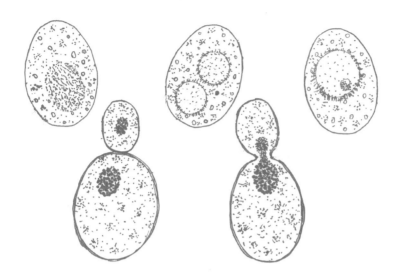

酵母菌

麵粉團的糖分吃掉，釋放出二氧化碳氣泡和酒精。氣泡把麵團膨脹提升；另外釋放出的酒精則讓麵團增加特別的風味。用不同酵母菌、調節發酵的時間、水分的比例，以致使用不同的材料製作麵團，也會帶出不同味道和口感，豐富我們的味蕾。

但除了「入得廚房」，酵母菌其實還入得研究室。只因從醫學角度來看，它實在有太多優點了。

容我先做些基本的醫學說明。所謂癌症，指的是某些身體細胞不受控制地生長，形成惡性腫瘤，並擴散到身體其他部位。這疾病是源於控制細胞生長和分裂方式的基因起了變化。健康的身體，通常會懂得在 DNA 受損的細胞癌變之前就將其清除，但是隨著年齡增長，身體修補的能力隨之下降，這功能也會減弱，這是老年人較易患癌的原因之一。

而要更透徹地理解腫瘤的發展機制，還有探索新的治療方法，人類便需要模式生物 (Model Organism) 的協助了。

模式生物，指的是生物學家依賴來作深入研究的實驗對象。當生物學家摸熟了該物種的特徵，能歸納出關於它們的可靠知識，便可以將這些知識外推，解讀至其他物種（特別是人類）身上。這些知識包括了基因體結構、基因調控、細胞生長和分化、演化生物學等各個領域。

而好的模式生物需要具備什麼條件呢？就是身體結構相對簡單，容易入手。於是乎，這些物種包括有小家鼠、褐鼠、滑爪蟾、斑馬魚、果蠅，還有小至肉眼難以辨別的線蟲，以及真菌的代表──酵母菌了。

癌症研究中最常見的模式生物 [3]

模式生物	用途包括
酵母菌	- 了解細胞信號傳導／ 　蛋白質在細胞週期調節的原理 - 鑑定藥物靶點和開發癌症疫苗
果蠅	- 了解細胞生長和入侵的信號傳導原理 　(Signalling Pathways) - 篩選致癌基因和抗癌基因功能
線蟲	- 了解涉及癌細胞的信號傳導原理 - 了解何以導致腫瘤、幹細胞群的突變
斑馬魚	- 了解癌細胞發展的機制 - 了解藥物反應和癌症轉移的機制
滑爪蟾	- 了解細胞信號傳導／ 　蛋白質在細胞週期調節的原理 - 了解癌細胞發展的機制
小家鼠及褐鼠	- 了解致癌物和身體反應的原理 - 測試藥物的療效／安全性

3　Harman, R.M. et al. (2021). Beyond tradition and convention: benefits of non-traditional model organisms in cancer research. *Cancer and Metastasis Reviews*, 40(1), 47–69.

從醫學角度來看，酵母菌的優點很多。例如酵母菌的基因組很短，只有 6,275 個基因、16 條染色體，基因數目是人類的 25-30%，但其基因功能卻跟人類非常相似，與人類共有 30% 同源基因。[4] 而且酵母菌的繁殖率非常迅速，約兩小時就能生出下一代；還很容易管理，價錢便宜，方便通過監測來了解細胞週期進程。還未說酵母菌更是第一種完成基因組測序的真核生物，意味著科學界也認同它是 Top 1 優先的研究對象，可謂新技術的第一個試金石。借用酵母菌來研究細胞週期控制、DNA 修復、細胞衰老、基因表達等等，是研究人類疾病的重要途徑。在基因功能研究中，酵母菌是公認最有用的模式生物。

早於 1968 年，科學家利蘭・哈特韋爾（Leland H. Hartwell）便已發現酵母菌的優點，開創性地以它們為模式生物，研究癌細胞的形成與抑制。他的做法是去理解負責控制細胞週期的基因，再通過刺激或抑制細胞分裂，來調節細胞週期。哈特韋爾最終獲得了 2001 年的諾貝爾生理學或醫學獎，至今仍是癌症基因研究領域的領導者。但值得獲獎的，除了人類外，其實還應包括酵母菌吧？

菇菌主導或輔助的免疫治療

除了擔當模式生物，推動醫學研究，真菌在近年的癌症研究上，還有個更直接的角色。

現時傳統治療癌症的三種方法，是放射治療（電療）、化學治療（化療）及外科手術。電療的原理是以高能量的電離輻射，殺死或破壞腫瘤細胞，阻止它們繼續生長、分裂或擴散；化療的原理是將藥物溶入患者的血液，讓藥物在體內運行，擊殺癌細胞；至於外科手術則是癌症治療中常用的方法，醫生會因應患者腫瘤的位置、大小、發展期數及患者年紀，把腫瘤局部或全部切除。這些治療雖然「有效」，但卻有強烈的副作用，帶來各種令人痛苦的併發症。

4　Vanderwaeren, L., Dok, R., Voordeckers, K., Nuyts, S., Verstrepen, K.J. (2022). *Saccharomyces cerevisiae* as a model system for eukaryotic cell biology, from cell cycle control to DNA damage response. *Int. J. Mol. Sci.*, 23(19), 11665. https://doi.org/10.3390/ijms231911665

所以在這三條路以外，醫學界正在摸索，可讓患者減輕痛苦的其中一個方向，就是「免疫治療」，亦稱作輔助癌症治療（Adjuvant Cancer Therapy）。

免疫治療，是指善用患者體內的免疫系統，來阻止或減慢惡性腫瘤的增長，避免癌細胞擴散到其他部位。由於免疫系統的作用是殺死細菌和病毒，保護我們免受疾病侵害，那麼當免疫系統夠強壯，身體便有機會自行戰勝癌細胞。這方法的好處是，副作用相對輕微，能夠減低身體及精神上的煎熬。

那可以怎樣幫助恢復筋疲力竭的免疫系統呢？這便是菇菌出場的時間了。

讓我也簡單解釋一下免疫系統的原理。人體裡面其中一種主要的免疫細胞，叫做「T 細胞」。T 細胞上面有著不同蛋白質，稱為「檢查點蛋白」，其中有些負責「打開」免疫反應，有些則負責把免疫反應「關掉」。前者的意思是，部分檢查點蛋白會在身體染病的時候，幫忙通知 T 細胞要變得更活躍，以應對「外來入侵者」。但是，如果 T 細胞活躍的時間太長，或者對外界過度反應，它們便會開始破壞健康的細胞和組織，因此就需要有其他檢查點蛋白來平衡一下，幫忙告訴 T 細胞，「喂，是時候關閉免疫反應了」。

那麼患上癌症的意思是什麼呢？就是癌細胞在攻擊身體的時候，還會產生蛋白質來關閉 T 細胞，使免疫系統停止運作。當 T 細胞再也不能識別和殺死癌細胞，身體就會變得很脆弱。

而菇菌的偉大作用，就是能夠阻止癌細胞上的蛋白質按下「停止」按鈕。於是免疫系統便能夠重新打開，T 細胞就重新有能力去自行攻擊癌細胞，替身體打仗了。

說得複雜和專業一點的話，科學界已經證實菇菌能成為有效的「免疫檢查點抑制劑」（Immune Checkpoint Inhibitors，簡稱 ICIs）來針對不同的檢查點蛋白，例如 CTLA-4、PD-1 和 PD-L1。

未來，科學家還在配合基因組學研究技術，進一步了解結構、功能和分子作用機制，用以針對複雜多變的癌症種類。他朝，菇菌會否成為疾病治療的主流呢？又會衍生出多龐大的菇菌產品商業市場？[5]

【醫學新知】
以菇菌為癌症免疫療法的最新研究

靈芝

2018 年，一篇發表在《藥理學先鋒》的文章回顧了「靈芝」的癌症免疫療法相關研究，分析了由 1987 至 2017 年期間發表的 2,398 篇英文論文和 6,968 篇中文論文。當中，免疫調節蛋白和靈芝多醣為大部分科學家的研究對象，揭示靈芝顯著的癌症治療效果。另外也有不少研究集中於 NF-kB 和 MAPK 途徑，具體了解靈芝如何促進細胞的免疫反應。[6]

5　Zhao, S. et al. (2020). Immunomodulatory effects of edible and medicinal mushrooms and their bioactive immunoregulatory products. *J. Fungi*, 6(4), 269. https://doi.org/10.3390/jof6040269

6　Cao, Y., Xu, X., Liu, S., Huang, L., Gu, J. (2018). *Ganoderma*: A cancer immunotherapy review. *Front. Pharmacol.*, 9,1217. https://doi.org/10.3389/fphar.2018.01217

7　Kim, T.I., Choi, J-G., Kim, J.H., Li, W., Chung, H-S. (2020). Blocking effect of chaga mushroom (*Inonotus oliquus*) extract for immune checkpoint CTLA-4/CD80 interaction. *Applied Sciences.*, 10(17), 5774. https://doi.org/10.3390/app10175774

8　Park, H.J. et al. (2022). AHCC®, a standardized extract of cultured *Lentinula Edodes* mycelia, promotes the anti-tumor effect of dual immune checkpoint blockade effect in murine colon cancer. *Front. Immunol.*, 13, 875872. https://doi.org/10.3389/fimmu.2022.875872

白樺茸

2020 年，韓國東方醫學研究所幾位專家，發表測試「白樺茸」作為免疫療法的研究。研究發現，白樺茸的提取物能有效激活負責守護免疫系統的 T 細胞，攻擊癌細胞，抑制腫瘤生長。[7]

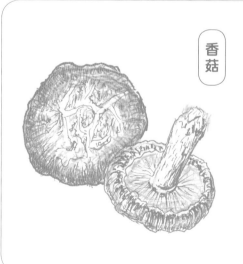

香菇

2022 年，美國耶魯大學醫學院內科、韓國濟州國立大學醫學院內科和仁川嘉泉大學吉醫學中心內科的幾位專家，在權威醫學期刊《免疫學先鋒》發文指出，以「香菇」菌絲體的提取物，配合雙重免疫檢查點阻斷劑（DICB）的療法，有效減少腫瘤生長，並增加 CD8[+]T 細胞。這個研究也發現，以香菇輔助 DICB 的療法，比只用 DICB 更有效改善腸道微生物群，使免疫療法的效果更顯著。[8]

菇菌抗癌的科學原理

話說回來，就算不是用來協助研究，菇菌本身都有抗癌的特質了。

菇菌在生長、發育的代謝活動中，能於菌絲體、菌核或子實體內，產生很多具有藥理活性的物質，比如是酶、蛋白質、脂肪酸、氨基酸、肽類、多醣、生物鹼、甾醇、萜類、苷類以及維生素等等，都能夠抑制或治療人體疾病。

以真菌為藥物治病，在中國至少已有 2,500 年的歷史。中國最早的藥物書《神農本草經》及歷代本草書中便記載了不少藥用真菌，包括有靈芝、茯苓、豬苓、蟲草等，在傳統中藥中佔了極重要的地位，其中大部分是食用菇類，也有少數是有毒菇類。至於印度、日本和韓國等其他亞洲國家，也有使用菇菌作為民間藥物。[9]

近 30 年以來，世界各地的科學家均努力不懈地研究，由菌種分離、培養、液態發酵、萃取、藥效成分、藥理分析、毒性試驗與臨床研究，以現代科學方法，期望證實這些菇菌的特定生物活性化合物，能幫助治病和保健。至今，世界各地已發展出數百種由藥用真菌衍生的商業化產品，例如靈芝、雲芝、蟲草、白樺茸、虎奶菇、桑黃香菇、猴頭菇、茯苓、舞茸菇以及姬松茸等等。根據最新學術文章統計，中國有記錄的大型真菌有1,662 種，其中 692 種是藥用真菌。

那為什麼菇菌能抗癌？要解釋當中的科學原理，必須由「多醣類」（Polysaccharides）和「萜類化合物」（Terpenoids）說起，這兩種都是菇菌最重要的活性成分，也是科學界研究最多的活性成分，具有抗腫瘤和免疫調節的特性。

9　Bhambri, A., Srivastava, M., Mahale, V.G., Mahale, S., Karn, S.K. (2022). Mushrooms as potential sources of active metabolites and medicines. *Front. Microbiol.*, 13, 837266. https://doi.org/10.3389/fmicb.2022.837266

一、多醣類

「多醣類」是複雜的聚合物，可以在菌絲體、子實體和菌核的細胞壁中找得到。它們主要以葡聚醣的形式存在，由不同的鏈扣把分子連接在一起，稱為醣苷鍵（Glycosidic Linkages），這些鏈扣會結合成螺旋狀的立體結構。[10]

甚至也有不少多醣類是直接以所屬的菇類命名，如靈芝多醣（Ganoderan）、香菇多醣（Lentinan）、裂褶菌多醣（Schizophyllan）、麗蘑多醣（Calocyban）、側耳多醣（Pleuran）等等。

菇菌多醣類在腫瘤細胞測試中顯示出廣泛的抑制作用，[11] 具體做法如下：

● 　　激活免疫系統：在科學上稱為 ADCC 作用（Antibody Dependent Cell Mediated Cytotoxicity），即間接活化 NK 自然殺手細胞（或 T 細胞）。細胞被免疫系統激活後，會釋出讓癌細胞死亡的物質；
● 　　直接促使癌細胞凋亡（Apoptosis）：降解表皮生長因子受體（EGFR）；
● 　　協助吞噬作用（Antibody Dependent Phagocytosis, ADP）：間接協助巨噬細胞吞噬癌細胞。

二、萜類化合物

至於「萜類化合物」，則是由連接的異戊二烯（Isoprene）單元組成的有機化合物，通過生物合成途徑產生。根據碳原子的數量，它們可再分為單萜、二萜、三萜等。學術研究顯示，它的益處包括抗病毒、抗癌、抗氧化、抗瘧疾、抗炎、抗衰老，以及延緩腦退化症等等，並可以幫助減少藥物腎毒性和減少炎症。

10　螺旋狀的立體結構例子有：（1→3），（1→6）-β-葡聚醣和（1→3）-α葡聚醣。

11　這些抑制作用，包括出現在鼠類模式生物測試的肉瘤（Sarcoma-180, Sarcoma-37；吉田肉瘤），和路易斯肺肉瘤（Lewis Lung Carcinoma）。

2019 年，有學者認為菇菌的萜類化合物或會成為疾病治療的新興資源，[12] 因為它在腫瘤細胞測試中同樣顯示出廣泛的抑制作用。一方面，有科學家測試了傳統的藥用菇菌，如靈芝 [13] 和茯苓，證明它們所含有的三萜類化合物，都能發揮免疫調節、抗腫瘤和抗感染活性的功用。其中，從茯苓菌核提取的「羊毛甾烷型三萜酸」（Lanostane-type Triterpene Acids），已被證實可抑制皮膚腫瘤。[14]

另一方面，有科學家還測試了日常較容易接觸到的食用菇菌，如金針菇和巨大口蘑。其中，巨大口蘑的提取物，已被證明能有效抑制由「苯並芘」（Benzopyrene）引起的小鼠肺癌。[15] 至於從金針菇中分離出來的幾種「倍半萜」（Sesquiterpenes），則具有針對 HeLa 細胞的毒性。[16]

以上發現，都使我們有更大誘因在日常食物中增加菇菌的份量和比例。當我們知道更多的時候，就更掌握健康了。

證實靈芝抗癌的臨床測試陸續登場

實驗室的老鼠測試，其實已經肯定了靈芝能有效抑制癌細胞，但我知道讀者最關注的問題，始終是臨床測試的成效。2008 年，香港包黃秀英女士兒童癌症中心及香港中文大學研究團隊，在《臨床腫瘤學雜誌》發表了一項為癌症兒童設計的隨機、雙盲和安慰劑對照研究。他們發現使用六個月的靈芝治療，可增加患癌兒童的淋巴增殖免疫反應。[17]

另一項臨床試驗則發現，74 名晚期結直腸癌患者持續 12 週每天服用 5.4 克靈芝後，他們淋巴免疫反應的多項指標，都有明顯上升。[18]

12　Dasgupta, A., Acharya, K. (2019). Mushrooms: an emerging resource for therapeutic terpenoids. 3 Biotech, 9(10), 369.

13　靈芝內含有大量的三萜類，化合物如靈芝酸、靈芝酚、靈芝二醇和靈芝酮三醇。

14　Akihisa, T. et al. (2009). Anti-tumor-promoting effects of 25-methoxyporicoic acid A and other triterpene acids from Poria cocos. J. Nat. Prod., 72,1786–1792.

15　Chatterjee, S. et al.（2016）. Tricholoma giganteum ameliorates benzo[a]pyrene-induced lung cancer in mice. Int. J. Pharm. Sci. Rev. Res., 7(5),283–290.

16　Wang, Y. et al. (2012). Two new sesquiterpenes and six nor sesquiterpenes from the solid culture of the edible mushroom Flammulina velutipes. Tetrahedron, 68(14), 3012–3018.

17　Shing, M. K. et al. (2008). Randomized, double-blind and placebo-controlled study of the immunomodulatory effects of Lingzhi in children with cancers. J. Clin. Oncol., 26(15 Suppl.), 14021–14021. https://doi.org/10.1080/073157 24.2013.839907

18　Chen, X. et al. (2006). Monitoring of immune responses to a herbal immuno-modulator in patients with advanced colorectal cancer. Int. Immunopharmacol., 6(3), 499–508.

靈芝

另一臨床試驗中，34 名晚期癌症患者持續 12 週每天服用 3 次
1,800 毫克 Ganopoly®（靈芝提取物）。研究結果再次顯
示，靈芝增強了晚期癌症患者的免疫力，有助免疫細胞與癌細
胞打仗。[19]

我期待醫學界開展更多臨床測試，審視不同品種的菇菌對於癌
症的作用機制，找出應使用劑量以及預期功效，希望真正幫到
每一位癌症病人紓緩病症，延續他們精彩的人生。

19　Gao, Y., Zhou, S., Jiang,
W., Huang, M., Dai, X.
(2003). Effects of Ganopoly
® (A *Ganoderma lucidum*
polysaccharide Extract)
on the immune functions
in advanced-stage cancer
patients. *Immunol. Invest.*,
32(3), 201–215.

◉ 由毒品到藥物：
治療抑鬱的迷幻菇

抑鬱症是甚為普遍的情緒病，估計全球約有 2.8 億人受抑鬱症困擾，反映出現代社會的精神健康危機。[20] 至於在香港，情況更是讓人憂心。本地機構 Mind HK 於 2022 年 3 月，以隨機抽樣的形式訪問了 1,000 名香港成年人，便發現 55.6% 的受訪者在世界衛生組織所列的五項身心健康指標中，得分都低於 52（滿分為 100 分），即整體精神健康狀況屬「差」；近一半（49.4%）受訪者更反映出現抑鬱症狀，其中近五分一（19.2%）的抑鬱症狀甚至是中度至重度的，問題嚴峻。

抑鬱症是一種複雜的疾病，原因有很多種。個人生活發生巨大變化，例如搬家或親人去世；或者遺傳因素，有抑鬱症家族史；或者社會環境因素，如貧窮、社會動盪、近年的嚴密防疫措施等，都會影響一個人的精神和心理健康。

生活變化和社會環境的問題，菇菌處理不了，但從醫學角度而言，菇菌還是有些幫助的。

治療抑鬱的主流方法

過去數十年，治療抑鬱症的方法主要集中在藥物及心理治療上。

藥物方面，主要是替抑鬱症病人控制病情。用到的藥物主要有兩種，第一種是抗抑鬱藥，用以平衡腦部化學物質失調；第二種是鎮靜劑，用以暫時紓緩病人焦慮的感覺。一般來說，初服抗抑鬱藥的病人最少要在病徵消失後，繼續服藥四至九個月；若病情嚴重或屢次復發者，則需在病徵消失後最少繼續服藥一年或以上。

20 https://www.who.int/news-room/fact-sheets/detail/depression

這治療進路的根據，是科學界一般對情緒的理解。這種理解認為情緒是由多種人體腦內分泌的化學傳遞物質所掌管，如果那些傳遞物質失衡，便會影響情緒，引發抑鬱症。是以服食抗抑鬱藥的目的，便是以改變大腦化學傳遞物質的水平，從而改善心情。這些神經傳遞物質，例如有血清素、去甲腎上腺素和多巴胺等等。[21]

但是，抗抑鬱藥有不少可怕的副作用，病人可能會腸胃不適、昏睡、失眠、頭暈、倦怠、體重增加、視力模糊或呼吸困難等，影響日常工作，情況因人而異。

心理治療方面，則是以認知行為心理治療法 (Cognitive Behavior Therapy, CBT) 和心理分析法 (Psychoanalytic Therapy 或 Psycho-dynamic Analysis) 為主。這方法主要是透過讓病人了解自己的思想及行為模式，讓他們更有能力改善自己的情緒；而醫務人員亦會為病人提供適當的實際生活支援，例如協助他們解決家庭糾紛，或申請經濟援助，減低一部分誘發抑鬱的生活壓力。

若要區分心理治療的兩種方法，首先，認知行為心理治療法，主要是通過思想分析，協助病人培養新的思維和生活模式，一般較具目標性，而療程相對較短；至於心理分析法，則主要是透過理解和分析病人的過往經歷，以至潛意識所形成的意念，從而理解抑鬱情緒的癥結，探討較為全面和深入，療程亦相對較長。

這些資訊大致都可以在網上找到。但治療抑鬱症是否只有這兩種進路？我們是否有可能「老藥新用」，開拓第三個進路呢？說到這裡，我們可以讓迷幻菇出場了。

21 https://www.21.ha.org.hk/smartpatient/SPW/zh-hk/Disease-Information/Disease/?guid=deee56b4-cec7-4d51-9460-1d071856856f

迷幻菇的歷史罪名

如第三章所提及，迷幻菇在古代一直是神經麻醉藥。來到
現代，在 1950 至 60 年代中期，美國醫學界發表了
超過 1,000 篇關於傳統迷幻菇的臨床研究論文，共
涉及大約 40,000 名患者，總結出令人興奮的初步結
果。這些研究表明了，在心理治療的輔助下使用傳
統迷幻菇，可以顯著地抑制成癮行為和癌症臨終時
期的情緒病。

可惜好景不常，歐美社會在上世紀 60 至 70 年代爆發了反主
流文化運動的浪潮，大麻、搖頭丸等迷幻藥成為當時年輕人的
濫用品。這浪潮引發了一連串打壓，自此迷幻菇的藥用研究被
邊緣化，政府的研究資助也驟然停止了。

裸蓋菇

1971 年，聯合國甚至頒佈了《精神藥物公約》，使當時的 70
多個成員國，都相繼把藥物禁令納入法例，被列為迷幻藥物之
一的迷幻菇，也就一併被收歸管制，而且條例的嚴厲程度還相
當駭人。在英國，迷幻菇被歸類為最高級別的 A 類毒品，跟可
卡因、冰毒、搖頭丸、海洛英等嚴重毒品看齊，擁有這種菇類
的最嚴厲處罰是長達七年監禁和無上限罰款，製造和售賣者更
可判處終身監禁和無上限罰款。至於美國，按照聯邦法律，迷
幻菇同樣屬於一級管制藥物，被定義為「尚未被接受作醫療用
途，且極有可能被濫用」的藥物。

可以想像，自從這一波管制在各國生效，即使有科學家想研究
迷幻藥可以如何應用在治療之上，也難免飽受批評。有的研究
經費被中斷，有的實驗室被搗亂，更有的被毒打，相關研究於
是無法繼續。

而在一般人心目中，對迷幻菇的印象則是非常模糊，不清楚它
是藥還是毒，因為大部分國家對這範疇的知識都是避而不談，

人們可能是好壞不知，只跟隨既有法例。但我認為，有些法例是會過時的，在適當的時候應重新審視其內容。第一，為什麼把迷幻菇定性為最高級別的毒品？可否降級？有沒有降級的機制？第二，「尚未被接受作醫療用途」這句絕對需要修訂，因為太多數據可以推翻這個說法；第三，有沒有特殊獲取計劃，即是可就某類特殊情況申請使迷幻菇用，例如研究或醫療用途？

在香港，迷幻菇受到《危險藥物條例》附表一的第一部分所管制，任何人士若販運或藏有迷幻菇，會被拘捕及檢控，但現時還未有本地案例受到具體刑罰。

迷幻菇的去污名化之路

非常慶幸，這些管制近年來終於逐漸放寬了。這至少見諸三個方面：

一是迷幻菇中的裸蓋菇素逐漸合法化了。這些地方包括美國部分地區，如西雅圖、科羅拉多州的丹佛市、加利福尼亞州的奧克蘭市和聖克魯斯市、華盛頓特區等等。有些國家就算仍保留相關法例，但已不再執行，例如加拿大、印度、印尼、意大利、泰國和越南等。也有一些國家已完全可以合法地使用迷幻菇，例如奧地利、荷蘭、巴哈馬、巴西、牙買加、尼泊爾和薩摩亞等。

二是政府接受在某些特定條件下，可以讓病人服用裸蓋菇素。比如在加拿大，迷幻菇受到《管制藥物和物質法》（CDSA）的管制，除非獲得加拿大衛生部的授權，否則銷售、擁有和生產迷幻菇和裸蓋菇素都是違法的。但在 2020 年，加拿大衛生部長便批准了幾名絕症患者接受裸蓋菇素，以治療臨終痛苦。這次案例促使加拿大衛生部後來擴大特殊獲取計劃，好讓醫療人員能夠代表患有嚴重疾病或性命垂危的患者，請求獲得限制藥

物。裸蓋菇素作為輔助治療的基礎，在加拿大總算開了綠燈。在歐洲，瑞士亦建立了裸蓋菇素的特殊使用計劃，讓對其他治療方法無反應的患者（主要是重度抑鬱症和創傷後應激障礙）可以嘗試服用。

三是相關研究較容易取得資助。比如對美國的裸蓋菇素研究者來說，2021 年便是標誌性的一年。因為 50 年來，他們終於首次獲得美國聯邦政府的研究資助，亦即全球最大規模及最具權威的官方「加持」。收到這筆資助的研究單位，是約翰霍普金斯大學醫學院的精神病學和行為科學系團隊，可以想像他們說不盡的感慨。望見首席研究員馬修·約翰遜教授（Matthew Johnson）在網頁上寫著：「這筆資助的歷史重要性是巨大的！」我能感受到他們團隊眼泛淚光的一刻。22 隨著全球對他們的支持，更有望鼓勵到其他私人基金為這類研究開綠燈。

這段去污名化之路，少不了一班科學家在背後堅持和努力。

上面所提到的約翰霍普金斯大學醫學院團隊，過去 20 年一直在全球法例嚴厲管制的背景下，排除萬難，為人類福祉寫下新的一頁。自 2000 年開始，研究小組的核心成員便率先在美國獲得監管部門的批准，開始在健康且未使用迷幻劑的志願者中，使用迷幻劑做研究，及後再開展裸蓋菇素的治療研究，包括治療癌症患者的心理困擾、戒煙治療和重度抑鬱症。2006 年，研究小組發表關於單劑量裸蓋菇素的安全性和持久積極作用的文章，被廣泛認為是一項里程碑，也引發了後續的全球迷幻研究。23 在 20 年間，團隊發表超過 60 篇學術文章，不遺餘力，20 年後才終於獲美國聯邦政府的研究資助。

時至今日，裸蓋菇素和其他迷幻化合物應用的醫學研究，已大致來到臨床研究的階段，相當成熟了。另一權威團隊，倫敦帝國學院醫學院腦科學部神經精神藥理學中心的迷幻研究小組，

22 https://hopkinspsychedelic.org/

23 Griffiths, R.R., Richards, W.A., McCann, U., & Jesse, R. (2006). Psilocybin can occasion mystical experiences having substantial and sustained personal meaning and spiritual significance. *Psychopharmacology*, 187(3), 268-283.

2020 年便在《細胞》期刊上發表了一篇評論文章，評價這股趨勢的背景和潛力，指向新一波「精神病學迷幻革命」。[24]

總括而言，倫敦研究小組的科學家已經證實，裸蓋菇素的迷幻作用是通過其活性代謝物去刺激血清素受體（5-HT2A）而出現的。從以下圖片可以了解，迷幻物質如何刺激腦部化學傳遞的聯繫。

如果不是他們的堅持，世界又怎會改變呢？

24 Nutt, D., Erritzoe, D., Carhart-Harris, R. (2020). Psychedelic psychiatry's brave new world. *Cell*, 181(1), 24-28. https://doi.org/10.1016/j.cell.2020.03.020

25 Ibid.

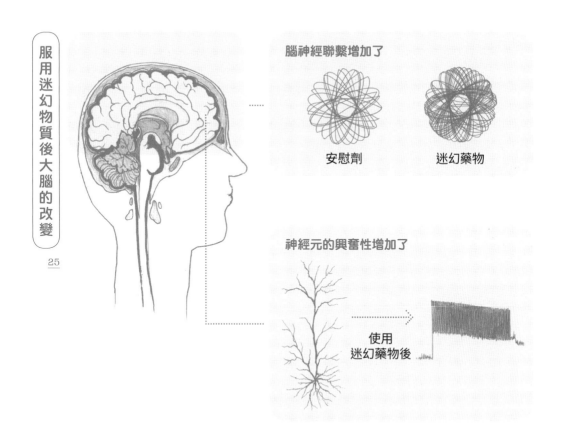

服用迷幻物質後大腦的改變

[25]

腦神經聯繫增加了

安慰劑　　　迷幻藥物

神經元的興奮性增加了

使用
迷幻藥物後

迷幻菇與現代藥物的距離

當然，這趨勢雖然令人雀躍，但一切還在研究的階段；要讓迷幻菇正式成為現代藥物，還有一段路要走，還有很多謎團尚待解答，也還有很多爭議聲音需要應對。

這些謎團包括了，服用迷幻菇後的影響可以持續最少六個月，箇中原因中原因究竟是什麼？是該從心理學角度，還是從改變大腦功能和解剖結構的角度來看？服用後有沒有副作用？這影響到每次的攝取量，應該用大劑量、正常劑量、還是「微劑量」（Micro-dosing）？最近，微劑量這個詞語在歐美非常流行，與新一波迷幻菇使用的浪潮畫上等號。每種劑量衍生的幻覺反應都因人而異，這直接影響施藥的考慮，所以大量臨床試驗是必須的。

由藥物研發，到成功把新藥推出市面，絕不簡單，除了過程痛苦而漫長之外，還需花費大量金錢。據估計，藥物研發的總花費可高達 17.6 億美元，但成功率只有 4%。特別是罕見疾病，由於病人人數少，即是必須以小眾客群攤分巨額的研發開支，造成相關藥物的價格高企，難以負擔。[26]

但若然研發成功，很多病患的痛苦便得以減輕甚至解決，實在是造福人群。

基於迷幻菇的污名身世，社會各界對它的爭議仍然存在。若要應對這些爭議聲音，政府必須帶頭教育宣傳；並容讓醫學界以人為本，為患者量身定制最合適的治療方案，不必受制於僵化的法例和醫療制度；同時嚴格規管醫療以外的用途，控制濫用，以釋除大眾的疑慮。此外，科學界亦需要收集更多嚴格的臨床數據，以審視不同人士服用後的潛在風險；並且進一步對外闡明迷幻菇的神經生物學和生理作用機制，加強說服力。[27]

26　https://www.thenewslens.com/article/95507

27　Lowe, H. et al. (2022) Psychedelics: Alternative and potential therapeutic options for treating mood and anxiety disorders. *Molecules*, 27(8), 2520. https://doi.org/10.3390/molecules27082520

迷幻菇最後能否成功融入現代醫療保健體系，為人類的精神健康出一分力？這就視乎各界的努力了。

【醫學新知】
以裸蓋菇素治療抑鬱症的臨床試驗結果

以下選了四個最近具代表性的醫學研究發現，期望更新讀者的想法：

一、為無計可施的重症抑鬱症患者帶來曙光

研究單位和方向：英國精神保健公司 Compass Pathways 在 2022 年 10 月開始世界上第一個使用裸蓋菇素的第三期臨床試驗。他們的產品 COMP360，已獲美國食品和藥物管理局肯定，可以用於治療無法可治的難治性抑鬱症 (Treatment-resistant Depression, TRD)，屬於突破性療法。這個進展，是源自針對 TRD 的第 2B 期臨床試驗結果。

研究方法：
關鍵試驗一（378 人）：單劑量（25mg）單一療法，並與安慰劑作對比。此試驗目的是重複 2B 期研究（233 人）中採用的治療，再次確認反應是否與上次相若。

關鍵試驗二（568 人）：以三個劑量，重複固定劑量療法：25mg、10mg 和 1mg。此試驗目的是探討第二劑是否可以增加有效者的數目，或改善 2B 期研究中看到的反應，並探索通過重複使用 COMP360 10mg 產生有意義的治療反應的可能性。

兩項關鍵試驗最後的衡量方式，是看第六週時患者做「孟艾氏憂鬱量表」（MADRS）的總分，較實驗前的初次基線研究低了多少。

研究發現：三週後，既接受單次高劑量 COMP360 裸蓋菇素，同時又接受心理輔導的患者，抑鬱症狀顯著改善。[28]

二、提高患者的生活意義感和樂觀情緒，降低自殺傾向

研究單位和方向：2016 年，約翰霍普金斯大學醫學院團隊在《精神藥理學雜誌》發文，公佈裸蓋菇素對治療癌症患者抑鬱和焦慮症的成效，是第二期臨床試驗的報告。

研究方法：研究採用了隨機、雙盲、交叉試驗的方式，[29]讓 51 名患者服用極低劑量的安慰劑（1 或 3mg/70kg）或者高劑量（22 或 30mg/70kg）裸蓋菇素，每次治療間隔五週，追蹤訪問六個月。參與者、工作人員和社區觀察員在過程中為參與者的情緒、態度和行為評分。

研究發現：高劑量的裸蓋菇素大幅降低了患者的抑鬱情緒、焦慮測量值，同時提高了其生活質量、生活意義感和樂觀情緒，降低死亡焦慮。在六個月的隨訪中，這些變化持續存在，約 80% 參與者的抑鬱情緒和焦慮呈現顯著下降。[30]

三、裸蓋菇素在大腦的運作模式

研究單位和方向：2020 年，約翰霍普金斯大學醫學院團

28　https://psychedelicspotlight.com/5-psychedelic-clinical-trials-2022-maps-mdma-psilocybin-ketamine-lsd-dmt/

29　為了避免人為因素影響結果，使研究更可靠、不偏頗，受試者隨機分配的資料會經第三方保管，受試者與研究人員均不知道誰是試驗組、誰是對照組。

30　Griffiths, R.R. et al. (2016). Psilocybin produces substantial and sustained decreases in depression and anxiety in patients with life-threatening cancer: a randomized double-blind trial. *J. Psychopharmacol.*, 30(12), 1181–1197.

隊在《自然》科學期刊旗下的《科學報告》發文，公佈服用單次高劑量的裸蓋菇素，如何改變情緒和大腦功能。

研究方法：邀請 12 名健康志願者（七女五男）參與一項開放標籤試驗研究，包括在接受 25mg/70kg 劑量的裸蓋菇素前一天、一週和一個月後做評估，以檢視裸蓋菇素的影響及與神經的關聯。

研究發現：服用裸蓋菇素一週後，志願者的負面情緒減少了，腦部負責調節內臟活動和產生情緒的杏仁核，在面對他人面部情緒時的反應亦沒那麼強烈；而腦部負責認知活動和獎賞的背外側前額葉、內側眶額葉皮層，在面對負面刺激時的反應卻增加了，而志願者的正面情緒也有所提升。服用一個月後，志願者對面部情感刺激的負面反應和杏仁核反應恢復到基線水平，而正面情感仍然保持在較高的水平，焦慮也減少了。這些研究結果顯示，裸蓋菇素可以增加情緒和大腦的可塑性，減少負面情緒。[31]

四、裸蓋菇素迅速改善抑鬱症，持久力更達半年

研究單位、方向及方法：2018 年，英國倫敦帝國學院醫學院腦科學部神經精神藥理學中心迷幻研究小組，羅賓‧卡哈特－哈里斯教授（R. L. Carhart-Harris）和大衛‧納特教授（David Nutt）向 20 名患有重度抑鬱症的患者，在支持性環境（Supportive Environment）中給予兩次口服裸蓋菇素（10mg 和 25mg，間隔七天）。

研究發現：患者的症狀僅在服用兩次裸蓋菇素後就迅速改善，效果並能維持至治療後六個月。[32]

31 Barrett, F.S., Doss, M.K., Sepeda, N.D., Pekar, J.J., Griffiths, R.R. (2020). Emotions and brain function are altered up to one month after a single high dose of psilocybin. *Sci Rep.*, 10(1), 2214. https://doi.org/10.1038/s41598-020-59282-y

32 Carhart-Harris, R.L. et al. (2018). Psilocybin with psychological support for treatment-resistant depression: six-month follow-up. *Psychopharmacology*, 235(2), 399–408. https://doi.org/10.1007/s00213-017-4771-xs41598-020-59282-y

第六章

讓人健康老去的
微生物友伴

● 長生裸鼴鼠的抗衰老秘密
● 菌群是腸道健康的關鍵
● 科學界仍未完全理解的真菌菌群
● 菇菌百子櫃：以菇菌為醫藥的七大發展潛力

◉ 長生裸鼴鼠的抗衰老秘密

變老，是所有人都要面對的事，誰也無法拒絕這個時鐘。問題是，我們可以如何健康地老去？

隨著西方醫學持續進步，過去數十年的人類愈來愈長壽了。由 1950 至 2017 年，全球男性的預期壽命從 48.1 歲增加至 70.5 歲，女性從 52.9 歲增加至 75.6 歲，即是平均每十年便多三歲。據 2022 年香港政府統計處的數字，香港男性平均壽命已經有 83 歲，女性則是 87.7 歲。按過去數十年的升幅，這數字似乎還有機會繼續增加。

於是如何健康地老去，成為無數人投入研究的大課題。按世界衛生組織所指，「健康老齡化」(Healthy Aging) 的核心理念包括生理健康、心理健康和適應社會。而在生理健康的領域上，真菌和菇菌可是幫得上忙。

從生物學的角度看，老化即是隨著時間積累，各種分子和細胞漸次損傷，導致身心能力逐漸下降、患病，最終結果便是死亡。但談人類的健康老年之先，讓我們先來介紹一種動物界的「不老」奇葩。牠就是裸鼴鼠，一種分佈於東非部分地區的挖掘類齧齒目動物。

裸鼴鼠的外表並不可愛，全身沒有體毛，帶有粉色皺皮，牙齒突出而視力欠佳，總的來說，只能用個醜字來形容。但這些都不是重點。神奇的是，牠們竟可在低氧環境下存活達六小時，在沒有氧氣的情況下仍可活 18 分鐘；牠們不會因為年老而死亡，不會得癌症，壽命是同類動物的 10 至 15 倍。不難想像，牠們是科學家用來研究抗衰老的最佳選擇，也即是模式生物。

裸鼴鼠

那為什麼裸鼴鼠能夠不老甚至長生？牠們有什麼健康長壽的招
數，人類也用得著嗎？科學家發現，長壽的秘密，原來和牠們
的腸道微生物有關。裸鼴鼠的食物，包括了難以消化的植物和
塊莖，但由於裸鼴鼠的「腸友」包括了異常豐富的細菌家族，
不但能夠降解食物中的毒素，而且那些微生物群衍生的短鏈脂
肪酸，更可以促進結腸健康和抗腫瘤。最令科學家驚訝的是，
裸鼴鼠體內的微生物群有一種特殊的細菌家族 ——「艱難桿菌
科」(*Mogibacteriaceae*)，與超過 105 歲以上老人的體內微
生物群非常相似。[1]

這發現的有趣之處，是因為它聯繫到 1970 年代至今，科學界
一個重要的爭論，這爭論關係到我們對「健康」的理解，還有對
「人體是什麼」的理解。

那爭論是，在人類身體裡，比例上佔大部分的並不是自身細胞，
而是生活在身體內外的細菌、病毒、真菌及其他微生物，稱為
「微生物菌群」(Microbiome)。換言之，要談健康，其實除
了要維持自己身體的健康，還得維持這些微生物的健康。

1　Debebe, T. et al. (2017).
Unraveling the gut
microbiome of the long-lived
naked mole-rat. *Sci Rep.*, 7(1),
9590. https://doi.org/10.1038/
s41598-017-10287-0

這個說法來自美國微生物學家托馬斯‧拉基（Thomas Luckey）1972 年的估計。他認為，人體內的細菌數量遠超過人體細胞，比例至少為 10 比 1。去到 2016 年，以色列生物學家羅恩‧米洛（Ron Milo）的研究，則得出了 39 萬億個微生物與 30 萬億個人體細胞的結果，比例大約是 1.3 比 1，大大減低了差異。然而，後者的估計沒有考慮到存在於各種身體環境中的病毒和噬菌體，數目可能等於甚至超過細菌量，結果可能又回到以往驚人的比例。

可是，無論數字多與少，這些研究都確實提醒我們微生物菌群的重要性。說來並不誇張，它們可以改變人體的免疫系統、飲食習慣和消化、藥物的效果，甚至我們的情緒和行為，跟人類的健康有莫大的關聯。

◉ 菌群是腸道健康的關鍵

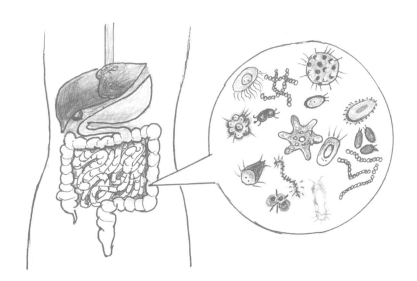

腸道裡的菌群

芸芸微生物細胞中，首要的友伴是腸道裡的菌群（Gut Microbiome）。這些「腸友」，日夜辛勤不懈地「工作」，參與調節體內的免疫系統、神經系統與內分泌系統等重要層面，當然，最重要的還是消化系統。功能不可或缺的「腸友」會積極地參與製造維他命、礦物質、多酚、蛋白質，將它們輸送到身體所需的部分。所以，營養吸收的多寡，不是單靠人類自身的細胞，而是取決於「腸友」。[2] 還記得第二章的內容嗎？這些微生物都擁有古老的生存策略，根據演化博弈論，它們都尋求著一種合作關係。當他們更健康，也造就到我們的健康。

腸道微生物菌群，是早在嬰兒出生時和出生後不久，接觸到母體和環境微生物時就已開始出現了。初生嬰兒的第一年，估計腸道內每一毫升體液就有數量 10^{13} 至 10^{14} 微生物，種類包括 500 至 1,000 種。斷奶後，腸道微生物菌群會變得牢固，導向一種較為穩定的菌群特徵。[3]

2　Sender, R., Fuchs, S., Milo, R. (2016). Revised estimates for the number of human and bacteria cells in the body. *PLoS Biol.*, 14(8), e1002533. https://doi.org/10.1371/journal.pbio.1002533

3　2018 年，芝加哥大學外科學系微生物組中心傑克·吉爾伯特教授（Jack Gilbert）連同多位專家在《自然醫學》發文，詳細闡明人體與微生物的關係。Gilbert, J.A. et al. (2018). Current understanding of the human microbiome. *Nat Med.*, 24(4), 392-400. https://doi.org/10.1038/nm.4517

這些微生物菌群也不是固定不變的，而是一個活生生的生態系統；每個組群的生長速度和存活率都會發生波動，例如飲食習慣便會大大影響腸道微生物的群落結構。是以小心與這些「腸友」保持良好關係，學習與它們共生，包括了解它們的變化，以及如何讓個別微生物組活得健康一些，對於改善人類健康、預防及抵抗疾病，最後達到健康老去的目標，就很重要了。

可是，世界各地的腸道微生物菌群研究，一向偏重於細菌菌群。是直至近幾年，科學界才開始漸漸關注腸道的真菌菌群（Mycobiome），希望更深入理解這個一直被忽略的版塊，探究腸道微生物菌群生態平衡的玄機。

◉ 科學界仍未完全理解的真菌菌群

2021 年，香港中文大學醫學院的腸道微生物群研究中心，便跟昆明醫學院的第一附屬醫院雲南省消化疾病研究所，在《胃腸學》發表了學術文章，題為「腸道真菌群在 6 個中國城鄉民族的群體水平配置」，探討腸道真菌群的差異，與一個人的民族、環境及飲食是否有關聯。[4]

研究團隊自 2017 年起，綜合分析了香港人和內地雲南省的六個民族（漢、藏、白、傣、哈尼和苗族）共 942 個健康個體的糞便菌群。團隊發現，腸道真菌菌群與宿主的居住地區、種族、飲食習慣、生活方式有密切的關聯，這些因素的組合，會影響宿主的代謝和健康，因而影響腸道菌群的組成。

香港人的腸道真菌豐富度，明顯地比雲南人的低，顯示城市化相關的因素最影響腸道菌群的變動，其次是地理、飲食習慣和種族的差別。例如城市人口腸道中的「釀酒酵母菌」數量比農村人口的高，它與肝病病理學指標呈顯著負相關，兩者此消彼長，亦即當釀酒酵母菌愈多，肝病就愈少。而農村人口的「都柏林念珠菌」數量，則比城市人口的多，與血液代謝的指標有關聯。然而，這個研究仍屬初步階段，暫時很難知道實際上什麼飲食習慣和生活方式，會怎樣影響腸道真菌菌群。

到底真菌微生物對腸道有什麼影響？這是人類至今仍未完全明白的領域。期望醫學界繼續研究，打破現有的認知高度，使人類更健康。

4　Sun, Y. et al. (2021). Population-level configurations of gut mycobiome across six ethnicities in urban and rural China. *Gastroenterology*, 160(1), 272-286.

◉ 菇菌百子櫃：以真菌為醫藥的七大發展潛力

除了真菌，各式各樣的菇菌也是助人健康老去的好幫手。由於功效眾多，下面將逐點說明。以下大部分例子取材自最新醫學研究，而且以臨床測試效果為主，期望能透過可靠的資料，擺脫過去大眾甚至醫生對菇菌的負面標籤。

一、菇菌是新興的腸道益生元

相關菇菌：猴頭菇、杏鮑菇、秀珍菇

「益生元」是什麼？簡單來說，就是給腸道益生菌吃的食物。雖然人類不易消化它們，但它們可幫助腸道中益生菌的生長。2020 年一項研究，使用富含「菇菌多醣類」的猴頭菇、杏鮑菇和秀珍菇，作為益生元的代表，給予平均年齡 73.5 歲的健康志願者食用，然後分析他們的糞便樣本。測試結果發現，在進食菇菌 24 小時後：

- 糞便內的總細菌水平顯著增加，尤其是被視為腸道健康的標誌──雙歧桿菌的水平顯著提升。許多研究都強調雙歧桿菌有助預防結直腸癌、結腸規律性和急性腹瀉。
- 短鏈脂肪酸顯著增加。短鏈脂肪酸能促使腸道蠕動，更有效地吸收礦物質，以及抑制腸道病菌。
- 丁酸鹽（Propionate）提升。它作為腸上皮細胞的能量底物，具有抗癌和抗炎的特性。

猴頭菇

杏鮑菇

秀珍菇

二、菇菌可增強呼吸系統的免疫力

相關菇菌：虎奶菇

虎奶菇，也稱虎乳菇（*Lignosus rhinocerus*），是一種重要
而昂貴的藥用真菌。其菌核提取物已被證明可以抗氧化、抗菌、
抗炎、抗哮喘，並且增強免疫調節活性。

有關虎奶菇的記載，最早出現在 17 世紀英國人寫的《約翰・伊
夫林日記》中，日本和中國的耶穌會士亦曾把它送給巴黎騎士
團，成為倉庫收藏品，囤積作醫藥用途。不過直至 2009 年，
人類才首次在實驗室裡培植到虎奶菇，這對藥用真菌的應用和
產業化發展來說無疑是個喜訊。

2021 年，有馬來西亞學者在甚有權威的期刊《科學報告》中發
文，指出虎奶菇補充劑對呼吸系統健康、免疫和抗氧化的影
響。[5] 這研究在完成臨床前期測試（即做完細胞和動物測試）
後，已進一步開展臨床研究（即開始做人體測試），期望能驗證
志願者對藥物的反應和效果。研究中，50 名自願參與者需每
天兩次服用 300 毫克虎奶菇，持續三個月。三個月後，幾乎
所有人的呼吸健康參數都出現顯著變化，例如「肺功能指標」
提高了，「炎症指標」降低了，「抗體指
標」增加了，「呼吸系統症狀評估問
卷」則顯示有 74.1% 的改善。[6]
也即表示，服用虎奶菇有效改
善參與者的呼吸系統狀況。

虎奶菇

5　Tan, E.S.S., Leo, T.K., Tan,
C.K. (2021). Effect of tiger
milk mushroom (*Lignosus
rhinocerus*) supplementation
on respiratory health,
immunity and antioxidant
status: an open-label
prospective study. *Sci Rep.*,
11, 11781.
https://doi.org/10.1038/
s41598-021-91256-6

6　研究結果顯示，志願者的「肺功能
指標」FEV 1 顯示改善了 19.7%、
FEV 1/ FVC 的比率也提高了
27.2%、「炎症指標」IL-1ß 和
IL-8 含量分別降低了 54.9% 和
40.8%、「抗體指標」IgA 水平
從 4.83 ± 0.28 ng/mL 增加到
10.26 ± 1.79 ng/mL、「呼吸系
統症狀評估問卷」顯示 74.1% 的改
善。研究單位為馬來西亞思特雅大
學醫學與健康科學學院。

靈芝

三、菇菌是抗氧化抗衰老的超級食物

相關菇菌：靈芝

「氧化」是身體維持運作，進行新陳代謝時的必然過程。在正常情況下，氧化過程的副產物「自由基」，可以刺激人體啟動有效的防禦系統。但是，當自由基的數量超過身體所能夠承受時，就會引致細胞損傷，這便是導致衰老和衰老退行性疾病的主要原因。而來自外界環境的壓力，如煙草的煙霧、臭氧、輻射、紫外線、電磁波等，以及現代社會的精神壓力，也會增加自由基的生成。

一般年輕健康的身體，會自行製造抗氧化酶，即是消除自由基的「清道夫」，將有害的物質轉化為毒害較低或無害的物質。這些「清道夫」，例如穀胱甘肽過氧化酶 (Glutathione Peroxidase, GSH-Px) 和超氧化物歧化酶 (Superoxide Dismutase, SOD)，是對抗細胞損壞最重要的細胞內防禦機制。科學界也經常使用這些酵素的活性為指標，來分辨體內的抗氧化能力。

我們最關注的,是從哪些膳食中可攝取抗氧化劑,如多酚類、胡蘿蔔素、維他命 C、D、E、多醣類等。讓我們來對比一下菇菌、葡萄和番茄:

食材的多酚濃度對比(mg/100g)

一般菇類	165 - 1,300
赤靈芝	13,991.1
葡萄品種	28.3 - 493
白藜蘆醇 (Resveratrol)	5,155.7

食材的 β- 胡蘿蔔素濃度對比(mg/100g)

一般菇類	0.023 - 1.526
番茄	449

首先,菇菌含有大量多酚,例如不同菇類的總多酚濃度範圍(乾重量),比不同葡萄品種的多。近年流行的保健食品、常見於葡萄裡的化學物質「白藜蘆醇」最多有 5155.7mg/100g,但赤靈芝的多酚濃度卻是其兩倍多,達 13,991.1mg/100g。[7、8] 至於 β- 胡蘿蔔素,菇菌含有的濃度範圍就不及番茄了。

此外,要吸收維他命 D,除了肉類外,菇菌亦是極好的來源,皆因菇菌暴露於自然或人工紫外線(UV)照射之後,其麥角甾醇會轉化為維他命 D2。這特性最近廣受關注,利用菇類來攝取維他命 D,是素食者、老年人士、對奶類製品敏感人士的另一個選擇。[9] 近年不少研究亦確實證明靈芝的多醣成分,能有效控制身體衰老的機制、增加線粒體電子傳遞複合物、增加自由基的「清道夫」活性。[10]

7　Robaszkiewicz, A., Bartosz, G., Lawrynowicz, M., Soszyński, M. (2010). The role of polyphenols, β-carotene, and lycopene in the antioxidative action of the extracts of dried, edible mushrooms. *J. Nutr. Metab.*, 2010, 173274. https://doi.org/10.1155/2010/173274

8　Kolniak-Ostek, J., Oszmiański, J., Szyjka, A., Moreira, H., Barg, E. (2022). Anticancer and antioxidant activities in *Ganoderma lucidum* wild mushrooms in Poland, as well as their phenolic and triterpenoid compounds. *International Journal of Molecular Sciences*, 23(16), 9359. https://doi.org/10.3390/ijms23169359

9　Jiang, Q., Zhang, M., Mujumdar, A.S. (2020). UV induced conversion during drying of ergosterol to vitamin D in various mushrooms: Effect of different drying conditions. *Trends Food Sci. Technol.*, 105, 200-210. https://doi.org/10.1016/j.tifs.2020.09.011

10　Wang, J., Cao, B., Zhao, H., Feng, J. (2017). Emerging roles of *Ganoderma Lucidum* in anti-aging. *Aging Dis.*, 8(6), 691-707. https://doi.org/10.14336/AD.2017.0410

四、菇菌是糖尿病的潛在解藥

相關菇菌：白蘑菇、茶樹菇、白樺茸、姬松茸、蟲草、舞茸菇、猴頭菇、雪耳

糖尿病是一種慢性代謝疾病，患者會長期血糖過高。此病現時影響了全球超過 4.22 億人，預計到 2030 年還將增長25%。[11] 此病可分為兩類：「第一型糖尿病」主要與遺傳和自體免疫問題相關，導致胰島細胞受破壞，胰島素無法正常分泌；「第二型糖尿病」則是常見的類型，源於細胞製造的胰島素，其量不足以降低血糖來滿足身體對能量的需求，又或者體內細胞無法正常運作，使葡萄糖無法進入細胞，稱為「胰島素抗性」。第二型糖尿病的發病者大多為 40 歲以上、中年、體型肥胖者及近親罹患上糖尿病的人士。[12] 而這類病患是可以預防的。

這病目前有許多合成藥物（即化學和生化降血糖劑），能有效控制高血糖。然而，它們既有副作用，亦不能改變糖尿病的併發症，因此科學家還在尋求新的候選藥物。這些候選藥物當中，便包括了許多大型菇菌，如白蘑菇、茶樹菇、白樺茸、姬松茸、蟲草、舞茸菇、猴頭菇和雪耳（銀耳）。皆因這些菇菌含碳水化

11 Arunachalam, K., Sreeja, P.S., Yang, X. (2022). The antioxidant properties of mushroom polysaccharides can potentially mitigate oxidative stress, beta-cell dysfunction and insulin resistance. *Front. Pharmacol.*, 13, 874474. https://doi.org/10.3389/fphar.2022.874474

12 De Silva, D.D., Rapior, S., Hyde, K.D., Bagkali, A.H.(2012). Medicinal mushrooms in prevention and control of diabetes mellitus. *Fungal Diversity*, 56, 1–29. https://doi.org/10.1007/s13225-012-0187-4

白蘑菇

茶樹菇

白樺茸

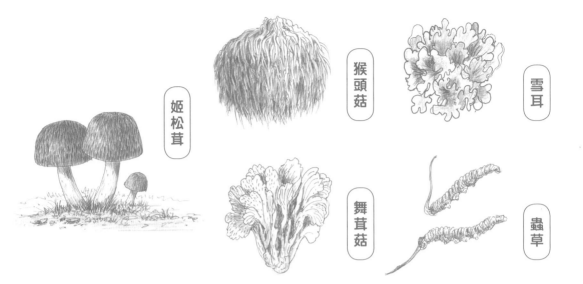

姬松茸

猴頭菇

雪耳

舞茸菇

蟲草

合物很少，但有豐富膳食纖維、真菌多醣、抗氧化物，可幫助患者避免高血糖水平。

在一項隨機雙盲試驗中，72 名年齡介乎 20 至 75 歲的受試者，隨機分配接受每天 1,500 毫克的「姬松茸提取物」或「安慰劑（纖維素）補充劑」，持續 12 週。結果顯示，接受前者的受試者，其 HbA1C、胰島素濃度和胰島素抗性指數顯著減少了，脂聯素濃度也顯著增加。

2022 年，楊雪飛教授聯同其團隊在《藥理學》發文，分析了 1994 至 2021 年之間的 854 篇文章，並對當中提及過菇菌有抗氧化和抗糖尿病作用的信息，做了個系統性評價。[13] 結果發現，總共有 104 種菇菌多醣可抗糖尿病，且證明了這些多醣對活性氧和氮水平有著正面影響。臨床前和植物化學的研究都發現，從菇菌中提取的大部分活性多醣具有抗氧化活性，可減少氧化壓力，並防止糖尿病的發展。據不同作者的多次觀察，菇菌多醣可作為抗氧化劑，調節抗氧化系統之間平衡及減低糖尿病併發症的機會。換言之，菇菌有機會成為治療糖尿病的療法。

13　Arunachalam, K., Sreeja, P.S., Yang, X. (2022). The antioxidant properties of mushroom polysaccharides can potentially mitigate oxidative stress, beta-cell dysfunction and insulin resistance. *Front. Pharmacol.*, 13, 874474. https://doi.org/10.3389/fphar.2022.874474

五、菇菌是預防及治療腦退化的良藥

相關菇菌：猴頭菇

猴頭菇

阿茲海默症，認知障礙的一種，俗稱「老年癡呆」，是一種大腦神經退化性疾病，現時並無有效療法。2022 年，香港大學生物醫學學院在《細胞》醫學期刊上，發文評估了用猴頭菇治療阿茲海默症的六項臨床前研究和三項臨床研究。令我們非常鼓舞的是，臨床前測試已成功證明，猴頭菇能有效改善阿茲海默症小鼠中的認知功能和行為缺陷。

那麼，臨床測試，即涉及真實病人的測試結果又如何？在輕度阿茲海默症患者中，參與者每天服用 350mg 猴頭菇菌絲體膠囊，持續 49 週，結果發現，治療組在日常生活的活動、認知能力和「簡短智能測驗」中都見顯著改善。14 可是據這研究，藥效僅限於用藥期間，停止用藥之後，認知功能的評分即隨之下降，這表明患者需要長期服用猴頭菇。15

為什麼猴頭菇能幫助治療腦退化？原來它最少有 15 種具有多種生物活性的成分，通過增強釋放神經營養因子、增加胰島素降解酶等等，可以增加腦血流量，預防血栓形成、腦血管風險和血管性癡呆。

香港大學專家團隊認為，未來醫學將會透過納米技術和神經調節技術，結合猴頭菇治療與侵入性／非侵入性的腦刺激方法，以增強患者記憶。仍待開發的納米療法，在治療上甚具潛力，可提高藥物在靶位目標點的生物活性，幫助在體內輸送藥物，從而延長藥物的時效。

14　簡短智能測驗（英文簡稱 MMSE）是一份有 30 條問題的問卷，用作評估認知障礙。內容包括七大項：定向感、注意力、記憶、語言、口語理解、行動能力、建構力。

15　Yanshree et al.(2022). The monkey head mushroom and memory enhancement in Alzheimer's disease. *Cells*, 11(15), 2284. https://doi.org/10.3390/cells11152284

六、菇菌是長者護眼的良方

相關菇菌：猴頭菇、虎奶菇、蟲草菌

視力會隨著年紀大而退化，老年常見的眼疾包括乾眼症、黃斑部病變、視網膜病變、白內障、青光眼等等。最普及的傳統護眼保健品，有葉黃素（胡蘿蔔素家族）、玉米黃素（胡蘿蔔素家族）、花青素、奧米加3脂肪酸等等。那菇菌又是否能夠幫手呢？原來，菇菌在臨床前測試上，已證實可以促進神經營養特性，如刺激神經突生長、神經再生、神經保護和抗氧化，有潛力預防或治療神經退化疾病。

2015年，馬來西亞吉隆坡馬來亞大學醫學院以及生命科學研究院的幾位專家，在《國際藥用菇菌雜誌》上發文，研究猴頭菇和虎奶菇刺激神經突生長的特性。結果顯示，使用50μg/mL的猴頭菇提取物，可以觸發腦神經突生長20.47%、脊髓神經突生長22.47%和視網膜細胞生長21.70%；至於虎奶菇則可以觸發腦神經突生長20.77%、脊髓神經突生長24.73%和視網膜細胞生長20.77%。[16]

2021年，台灣屏東輔英科技大學附屬醫院眼科及大仁大學藥學系的專家團隊，在《國際醫學雜誌》上發文，探討「蟲草菌絲體提取物」是否可以降低患有青光眼的大鼠的眼壓。研究把大鼠隨機分為四組，包括正常組、對照組、用「蟲草菌絲體的水提取物」或「乙醇提取物」治療的實驗組。28天後，後面兩組的眼壓見顯著下降，並且幾種體內製造的抗氧化酵素類水平（SOD、CAT、GSH-Px）都顯著上升。換言之，蟲草菌絲體有望為青光眼治療提供另一個選擇。[17]

虎奶菇

16　Samberkar, S. et al. (2015). Lion's mane, *Hericium erinaceus* and tiger milk, *Lignosus rhinocerotis* (higher basidiomycetes) medicinal mushrooms stimulate neurite outgrowth in dissociated cells of brain, spinal cord, and retina: An *in vitro* study. *Int. J. Med. Mushrooms*, 17(11), 1047-1054.

17　Horng, C-T. et al. (2021). Intraocular pressure-lowering effect of *Cordyceps cicadae* mycelia extract in a glaucoma rat model. *Int. J. Med. Sci.*, 18(4), 1007-1014. https://doi.org/10.7150/ijms.47912

七、菇菌是增加老年肌肉耐力的泉源

相關菇菌：蟲草

蟲
草

骨骼肌是我們身體的重要系統之一，約佔體重的 40%。骨骼肌的力量是死亡率和殘疾的有力預測指標；喪失肌肉力量亦會令人更易患上慢性代謝疾病。人體肌肉的力量在 30 歲左右達到巔峰狀態，在 40 至 49 歲之間保持，然後在 50 歲後加速下降，平均每十年損失 15%。隨著老年人口增長、壽命延長，骨骼肌力量下降其實是老齡社會需要面對的公共衛生問題；跌倒、骨折等意外，都為個人和社會公共資源帶來巨大的經濟成本。

2022 年，天津醫科大學營養流行病學研究所和公共衛生學院的專家團隊，在《國際醫學雜誌》上指，他們研究了 32,308 名天津的成年人 (其中 17,290 名是男性)，發現食用菇的攝入量，確實會影響男性及女性的握力。[18] 另一項研究，也證明「冬蟲草」會通過激活骨骼肌的代謝調節劑，來提升 AMPK 酵素、PGC-1α 能量激活因子和 PPAR-δ 能量激活受體；以及激活 NRF-2-ARE 通路，來限制氧化壓力，讓大鼠在運動時更有耐力和體力，沒那麼容易疲勞。[19]

期望在逐漸老去的路上，菇菌可以成為我們的良藥，也是良伴。

18　Zhang, J. et al. (2022). Association between edible mushrooms consumption and handgrip strength: A large-scale population based on the TCLSIH cohort study. *Clinical Nutrition*, 41(6), 1197-1207. https://doi.org/10.1016/j.clnu.2022.04.006

19　Kumar, R. et al. (2011). *Cordyceps sinensis* promotes exercise endurance capacity of rats by activating skeletal muscle metabolic regulators. *Journal of Ethnopharmacology*, 136(1), 260–266. https://doi.org/10.1016/j.jep.2011.04.040

第七章

菇菌與世界糧食趨勢的不謀而合

- ◉ 未來的糧食危機、食物運動和市場趨勢
- ◉ 菇菌的四大食物發展潛力
- ◉ 懷著願景的「菇式」飲食實踐

◉ 未來的糧食危機、 食物運動和市場趨勢

「食咗飯未呀？」這是廣東人常用的問候語。數十年前，連一頓飽飯也來得不易，但來到現在，其實我們每頓飯在吃什麼？未來又還可以吃些什麼？

在介紹菇菌出場之前，先繞個圈，說幾個宏大的世界糧食景象。

財富和資源分配不均，地球這一方有人倒掉大量剩食、另一方有人持續捱餓；食品價格高居不下；富裕國家依賴肉類等等，以上任何一個課題，都在反映「糧食安全」（Food Security）是未來需要正視的全球問題。

翻查世界銀行的資料，2023 年 4 月中，全球超過七成低收入國家的食品價格通脹數據高於 5%，90.9% 的中低收入國家和 87.0% 的中高收入國家，升幅甚至達到兩位數；主要原因是烏克蘭戰爭後，各國實施的貿易限制。[1] 食品價格居高不下，一般市民已經叫苦；弱勢的家庭，更容易長期飢餓、營養不良。據聯合國糧農組織《2022 年全球糧食危機年中更新報告》估計，2022 年 10 月至 2023 年 1 月需要緊急援助的人數可能攀升至 2 億人。[2]

而現時，歐美和中國都主要依賴肉類作為主要的蛋白質攝取來源，對畜牧業及農業的土地需求已經極大。可是，隨著世界各國的中產階級比例增加，人類對肉品的需求還將增倍。據聯合國的預測，到 2050 年，地球上將會有近 100 億人口——比 2022 年多出 20 億。到那時候，或者需要整整兩個印度的面積之多，才能滿足畜牧業及農業所需，而肉畜所產生的溫室氣體也是全球暖化的元兇。

1　https://www.worldbank.org/en/topic/agriculture/brief/food-security-update

2　https://reliefweb.int/report/world/hunger-hotspots-fao-wfp-early-warnings-acute-food-insecurity-october-2022-january-2023-outlook

換言之，若然不想被捲入價格上漲、貧窮、飢餓等漩渦，我們必須改變現時的糧食生產方式、分配方式和飲食習慣。

相類近的糧食問題，不是近年才有的新鮮事了，自工業化以來，糧食的生產和消費方式已經成了愈來愈大的問題。是以數十年前，已有人起來推動改變，其中包括了由意大利美食專欄作家和社會活動家卡路·佩特里尼 (Carlo Petrini) 於 1986 年提出的「慢食運動」(Slow Food Movement)。

慢食運動抗衡的，是日益盛行的速食文化，將速食強調的「效率、方便」，改為推廣「優良、潔淨和公平」的食物 (Good, Clean, and Fair Food)，期望我們享受食物時，不忘照顧社區和環境。3

借用他們的理念，在香港這國際美食之都，思考何謂吃得最「好」：

● 「優良」，指的是食物質量好、美味和營養價值高。人們懂得尊重食物的自然形態，認識背後的文化底蘊，倡導生態系統和社會的多樣性；

● 「清潔」，即整個食物生產和消費模式不會破壞環境，甚至可推廣當地季節性和可持續種植的食物，以幫助人與環境相互依存；

● 「公平」，即食物製造過程既尊重法律，同時公平對待所有參與勞動的人員。

時至近年，整場慢食運動已組織化，並發展到全球 122 個國家，有超過八萬名會員，在香港和台灣也有分會。4 2017 年，國際慢食全球大會首次在亞洲舉行，成都市還被稱為「全球慢食之都」，可以說，源於意大利的慢食運動理念在華人地區也得到認可。

3   https://www.foodnext.
net/life/placemaking/
paper/5111689212; https://
www.slowfood.com

4   https://slowfood.com.hk/en;
https://www.slowfood.com.
tw

來到近年，全球的食品市場趨勢亦隱隱然反映了這些危機，甚至對應了部分慢食運動的理念。以下列舉幾大趨勢：

一、替代食品的出現、潔淨食品的訴求

替代食品漸漸扮演更加重要的角色。主要原因是其生產方式，比傳統的畜牧業和漁業更加環保，能夠大大減少溫室氣體排放和土地使用量，是解決當前糧食供應問題的有效途徑之一。

然而，不少消費者對於替代食品存有一些擔憂，尤其是化學成分的問題，引發了對「潔淨標籤」（Clean Label）的訴求。[5]愈來愈多消費者希望能夠為替代傳統肉食的「植物性食物」（Plant Based Food）設置潔淨標籤，例如純素、天然不含人造成分、有機、不污染環境、不含基因改造等，才吃得放心。近年流行的淨食、吃得清淡等潔淨食品（Clean Food）概念，也是源自這個健康飲食的趨勢，追求不污染、不破壞地球和生態系統的食品。

二、重視地道風味、傳統飲食文化

隨著全球化趨勢和互聯網的發達，很多消費者的味蕾和眼睛變得更加挑剔。更多人分辨到食物的味道是否正宗，也傾向追求更地道的風味、原味以及視覺享受。例如：什麼擔擔麵最正宗？什麼雞蛋仔最好吃？雲南過橋米線要怎樣做才是原始風味？而且，在忙碌的工作之後，我們更加渴求個性化訂製的飲食體驗和服務；而科技的便利，也的確讓我們更輕鬆享受到各地的美食和相關體驗。這些趨勢，某程度上使人們更加關注食物的來源、飲食文化的傳承，促使市場重新重視地區食材和傳統美食。

5　https://cleanlabelproject.org/

三、關注功能性食物、個人 Well-being

在歐美，愈來愈多消費者關注「健康與幸福」(Health and Wellness)，期望食物不僅有益身體，還能有助情緒和精神健康，例如精神放鬆、改善睡眠、減輕壓力等。隨之而來的是「快樂食物」的概念，指豆腐、巧克力、香蕉、菠菜等，以及其他能夠影響神經傳導、增加血清素分泌的營養素，例如色胺酸、酪胺酸、維生素 B 群、C、鈣、鎂等。更多消費者期望食物有藥用價值之餘，又能美味可口，一舉多得，打破「苦口良藥」、「健康食品必定淡而無味」的既定印象。

世界糧食危機、消費者運動和未來趨勢預測，這些課題錯綜複雜，以上只是我很簡單的綜述。但至少肯定的是，我在其中看到了菇菌的潛力和角色。菇菌跟這些大圖像，有太多可對應的地方了。

◉ 菇菌的四大食物發展潛力

潛力一：菇菌，較肉類環保的永續食糧

若談低碳食物，菇菌可謂上佳代表，是低成本高產量、佔用最少土地、幫助人與環境相互依存的模範。

要吃肉，先需要以飼料飼養動物。若比較這些肉食及飼料的重量比例，每生產 1 公斤牛肉蛋白質，需要 61.1 公斤穀物；生產 1 公斤豬肉蛋白質，需要 38 公斤飼料；而魚則需要 13.5 公斤飼料。[6] 那麼菇菌又怎樣？原來生產 1 公斤的菇菌，僅需要 0.66-0.95 公斤栽培基質。這就是為什麼相對其他肉類，菇菌有非常高的「生物轉化率」（Biological Efficiency），甚至是唯一能「增值」有限資源的食物生產模式。

從 1990 至 2020 年的 30 年間，全球菇菌產量的確增長了 13.8 倍，達到 4,280 萬噸。[7] 當中產量最高的是香菇，其次是多類平菇品種（如蠔菇、秀珍菇、杏鮑菇和鳳尾菇）、木耳和白蘑菇。生產國方面，中國佔了全球菇菌產量的 93% 以上。

而且，人類有責任減低堆填區的負荷，為廢物找出路，剛剛好，菇菌在多方面都符合「清潔食品」的原則。現時成熟的菇類培植技術，可使用農業、食物工業的廢棄物為栽培基質，以達至物盡其用，例如棉籽殼、玉米芯、稻草、甘蔗渣、米糠和麥麩，運作已經相當成熟。特別是在低收入地區，以前，廢棄物有時會被焚燒，釋放大量有害氣體；但自從人們懂得轉賣這些廢棄物給菇農或菇菌栽培商之後，垃圾少了、環境更潔淨、收入豐厚了，對他們來說是一大喜訊。在中國和東南亞地區，也有開始轉賣這些廢棄物。

6　Béné, C. et al. (2015). Feeding 9 billion by 2050—putting fish back on the menu. *Food Secur.*, 7, 261-274.

7　FAOSTAT (2022). Food and Agriculture Organization of the United Nations Statistics Database. Available online at: http://www.fao.org/faostat/en/#data

近十多年來，世界各地均有愈來愈多民間組織，不約而同地想善用現代城市所丟棄的副產品，如咖啡渣、豆渣、啤酒渣、中藥渣、廚餘，為這些資源發掘新出路，簡直如雨後春筍。其中有不少人推廣利用咖啡渣作為栽培基質，在家種菇。

其中一個著名的例子，是在 2009 年創立的美國組織「回到根源」（Back to the Roots）。事緣兩位美國大學生，當聽到教授在上課時提到「美味菇菌可以在咖啡飲用後的殘渣上生長」，他們的好奇心和熱情隨即被挑起，一頭栽了進去研究，後來甚至創立公司，出產咖啡渣栽培的蠔菇。這場民間運動後來愈發愈大，他們的有機園藝套件、土壤、種子和栽培菇包系列，目前已分佈在 10,000 多家商店。兩人在可持續發展、創新和創業方面的努力得到了廣泛認可，獲得的獎項包括 *Fast Company* 的「最具創新力的公司」、《商業周刊》的「25 歲以下 25 強企業家」、《福布斯》「30 個 30 歲以下」、*CNN*「下一個值得關注的 10 位企業家」等等。[8]

至於在香港，這十多年間亦有一些默默耕耘的民間組織。其中，「Foodcycle+」曾經和本地酒店合作，使用酒店的咖啡渣來生產側耳和靈芝，作售賣用或轉贈社福機構，讓基層市民多一種蛋白質來源。「香城遺菇」在屯門藍地種植可食用的鳳尾菇、牡丹菇、榆黃菇和蠔菇，便是以回收咖啡渣為基礎，抱持著一份利用本地廢棄資源、發展低碳本地農業的心。「菇菌圓」則在大埔白牛石利用回收的咖啡渣及豆渣培植菇菌，實踐可持續耕種方式，積極推動復育土地的工作，並致力分享土壤健康的知識。這些組織把本來會被浪費掉的食物，重新帶回食物的循環中，是實踐「循環經濟」（Circular Economy）的上佳切入點。

當然，香港每天有 3,600 噸廚餘之多，僅以數間民間企業的規模，是處理不來的。這些組織或企業，要有條件運作下去，以及讓更多人有誘因參與「廚餘對策」，都需要有其他政策配套來開路。政府在剩食的問題上，絕對可以做得更多，創造條件，提供誘因。

8　https://hispanicheritage.org/alejandro-velez-and-nikhil-arora-of-back-to-the-roots-to-receive-the-2022-hispanic-heritage-entrepreneurship-award/

現代化生產的可能和限制

在過去十年，菇菌栽培技術已逐漸朝向機械化發展了。不僅菌株有所改進，而且生產過程已慢慢轉為自動化系統。從基質混合、培養袋填充、菌種液態發酵、培養袋接菌種、袋子的移動，以至環境的溫度和濕度控制、包裝、運輸，都是自動化過程。這些新技術的發展大大提高了產量，一項研究指出，我國40 多年來，由小規模至現代化生產，產量從 1978 年的 5.8萬噸，已增長至 2013 年的 3,169.7 萬噸。[9]

只是在這現代化趨勢之下，也有些地方需要留意。

首先，維護和運行這些機械設施，需要大量的電力和水，生產過程成本高昂，亦會進一步加劇溫室氣體和碳排放。即是種植菇菌所需的飼料雖然較其他肉類少，但終歸都是需要用到能源配備的。是以最理想的，還是有能源轉型上的配合。使用再生能源，比如設置太陽光電系統，甚至善用室外自然環境條件，減少用電，都可以在一定程度上減低這些能源成本。[10]

同時，這類現代的自動化工廠流程，雖然可提升產量，但由於需要大量的初始資金，而巨額投資需要至少五年的回收期，[11]難免便利了大企業，容易扼殺地方小民企的生存空間，不利低、中等收入國家的農民。是以還需要政府好好保障地方小民企和農夫，去避免貧富不均、窮人捱餓等問題延續下去。

潛力二：邁向「藥食同源」的保健食品

說回來，菇菌這些在陰暗環境生存的生物，亦能夠登上大雅之堂，可謂對應了慢食運動強調的「優良」食物要求。

先是菇菌的種類之多，能夠呈現出消費者與「慢食運動」重視的地道風味。如意大利的黑白松露、雲南的野生松茸、意大利的雞

9 Zhang, J-X., Chen, Q., Huang, C-Y., Gao, W., Qu, J.B. (2015). History, current situation and trend of edible mushroom industry development. *Mycosystema*, 34(4), 524–540.

10 Hyde, K.D. et al. (2019). The amazing potential of fungi: 50 ways we can exploit fungi industrially. *Fungal Diversity*, 97, 1–136. https://doi.org/10.1007/s13225-019-00430-9

11 Ibid.

油菌、美味牛肝菌，以及每個國家特色的發酵食品，包括用天然酵母製造出來的麵包、上千種的韓式泡菜、特色發酵芝士等等。

至於菇菌的營養價值更是老中青都適合，多種菇類被證實擁有第五種味道——鮮味（Umami，詳見第四章）；真菌發酵食品是腸道微生物菌群的益生元，是健康長壽的關鍵。

除了享受食物的色香味，未來菇菌食品亦似乎將朝「功能性食品」發展。功能性食品，指的是一種經過配製的新型食品，其主要目的是增強健康或預防疾病。這些食品含有一些特殊的物質或活性微生物，其濃度足夠安全，又可達到預期的益處，[12]「情緒食品」亦算是其中一類。而菇類含有大量胺基酸、維生素 B、C 和多種微量元素，可以為人帶來快樂，正符合「情緒食品」、「藥食同源」的風潮。2021 年，香港大學李嘉誠醫學院生物醫學學院神經調節實驗室團隊，亦發表了他們的研究結果，證實猴頭菇能促進神經聯繫，有助改善抑鬱症狀。[13]

而且食用菇菌的形式，也不限於天然，而可以是食用凝膠、水溶性的菇粉、即食脫水顆粒、乾燥菇粒、油漬等等。例如可以把真菌蛋白粉和食用凝膠加在有吞嚥困難的老年人食物中；同樣，嬰幼兒食品也可以添加真菌蛋白來提升食物營養；至於即食脫水顆粒、乾燥菇粒、油漬等，則適合上班一族在膳食時補充營養。

除了種植舊有品種，例如蠔菇、香菇、木耳和白蘑菇之外，有些科學家與商家還在開拓一些高價值、味道口感更佳、更具營養價值的培植品種。近十多年最成功的例子，莫過於人工培植羊肚菌和黑松露了。它們是昂貴的食物，需求量與日俱增，科學家成功把野生品種馴化，過程絕對得來不易。另一個例子則是蟲草花，那是由人工培植的蟲草子座，並不帶有昆蟲的幼蟲。因為其營養價值高，而且價錢不昂貴，深受歡迎。另外成功馴化的品種還有姬松茸、白木耳、花臉香蘑。

12　Temple, N.J. (2022). A rational definition for functional foods: A perspective. *Front. Nutr.*, 9, 957516. https://doi.org/10.3389/fnut.2022.957516

13　Chong, P.S. et al. (2021). Neurogenesis-dependent antidepressant-like activity of *Hericium erinaceus* in an animal model of depression. *Chin. Med.*, 16, 132.

潛力三：真菌蛋白，最低碳的肉類替代品

肉類「替代品」將成為未來食品趨勢。除了培植魚肉之外，真菌蛋白、植物素肉都是甚具競爭力的選擇，以幫助對應未來糧食危機。

先談真菌蛋白吧。所謂真菌蛋白（Mycoprotein），是一種來自土壤的鐮刀菌（*Fusarium venenatum*），經過培植加工而成的蛋白質。它可在 50 米高的發酵儀器中垂直生產，相對於以牛羊為主的畜牧業，對土地的要求最低，原材料亦非常簡單且價錢廉宜，只需調配適合的碳氮比例，真菌就可以在培養槽中發酵，變成可以食用的真菌蛋白，1 克的真菌幾天之內就能變成 1,500 噸。

2022 年，德國波茨坦氣候影響研究所的幾位學者，在《自然》期刊上便發表了一篇題為「以真菌蛋白替代牛肉的預計環境效益」的論文。[14] 他們使用電腦模擬，發現如果人類用真菌蛋白替代全球 20% 的動物肉消耗，未來因為全球牧場面積增加、森林砍伐帶來的二氧化碳排放量就能減少大約一半，同時也降低了牛羊類等反芻動物造成的甲烷排放。這讓我深深感受到，有些科學家正積極建議減碳策略，但最後需要的，是大眾改變的決心。

這種真菌蛋白也不只是停留在實驗室階段，在市場上，便有種稱為「其可」（Quorn）的真菌蛋白食品，是一種素食雞肉。它首創於 1960 年代的英國，卻是直至 25 年後，1985 年才首次在市場上登場，其後再於 2015 年被菲律賓集團 Monde Nissin 收購，2021 年在菲律賓證券交易所上市。據 Quorn 的網頁資料，他們是世界上最大的純素植物肉工廠，在英國每週生產 133 萬包植物肉，可代替約 1,600 頭牛，並計劃每年以 15% 的速度增長。[15]

從營養角度來看，真菌蛋白提供了一系列有價值的營養物質，包括九種人類必需的主要氨基酸。根據歐盟委員會的標準，真

14 Tuomisto, H.L. (2022). Mycoprotein produced in cell culture has environmental benefits over beef. *Nature,* 605(7908), 34-35. https://doi.org/10.1038/d41586-022-01125-z

15 https://www.quorn.co.uk/company/press/world%27s-biggest-meat-alternative-production-facility-opens

菌蛋白可被歸類為「高纖維」食物，它每 100 克提供至少 6 克纖維，而且當中的蛋白質也容易吸收，是一種優質蛋白質。它的總脂肪和飽和脂肪含量也很低，並含有極少的膽固醇。真菌蛋白還提供了一系列微量營養素，包括維生素 B12、核黃素、葉酸、磷、膽鹼、鋅和錳。

這些營養價值也是有學術研究來支撐的。英國著名營養與健康作家艾瑪・德比郡博士（Dr. Emma Derbyshire）在 2022 年便發表了一篇文章，闡述真菌蛋白與人類生命週期健康的關聯。16 她嚴謹審視了 15 篇來自隨機對照試驗、臨床試驗（在老、中、青年組群的測試）、干預和觀察性研究的數據，得出了以下結論：真菌蛋白可改善血脂、血糖標誌物、膳食纖維攝入量、飽腹感和肌肉／肌原纖維蛋白合成。將真菌蛋白與日常飲食相結合，有助於拓闊蛋白質的攝入來源，使人更健康。

這樣聽來，真菌蛋白似乎還真值得試試？

潛力四：真菌促成的第四代素肉

說到素肉，那可不是現代人的專利，古人亦經常以豆腐作為素肉。可是最近幾年，素肉（或稱人造肉、替代肉）的市場愈來愈大，直接挑戰價值超過 1 兆美元的龐大全球肉食市場，倒幾乎是另一回事了。17 這趨勢，可謂從餐桌上，為人體健康、氣候變化、能源問題、資源消耗、宗教習俗及動物保護等議題，提供了一些新的選擇。

看硬數據，超越肉類（Beyond Meat）、不可能食品（Impossible Foods），甚至香港 Green Monday 集團的 OmniFoods 系列，在全球都創造了銷售佳績。2019 年，不可能食品在推出後首兩個星期，銷售額甚至已經超越傳統肉類，連李嘉誠和比爾・蓋茨（Bill Gates）也有份投資。18、19 有分析指，2021 年全球植物性肉類的市場規模為 50.6 億美元，並預計從 2022 到

16　Derbyshire, E. (2022). Fungal-derived mycoprotein and health across the lifespan: A narrative review. J. Fungi., 8(7), 653. https://doi.org/10.3390/jof8070653

17　https://www.imarcgroup.com/meat-market

18　https://www.grandviewresearch.com/industry-analysis/plant-based-meat-market

19　https://www.nature.com/articles/s41587-019-0313-x

2030 年將有 19.3% 的年均複合增長率，可謂驚人數字。

以下，我想和大家重溫一下素肉不同的演化階段：

素肉 1.0（肉的替代品初階）

主要由現有食材替代菜餚中的肉食，或者做成動物的模樣，並沿用肉類的原本名稱。例如採用杏鮑菇做手撕雞、大豆做素雞、豆腐做漢堡扒、芋頭製成魚的形狀，包括枝竹羊腩煲、回鍋肉、梅菜扣肉、泰式烤肉等等都可做成素食。支持這類素肉的，大都為中老年人或佛教徒，他們亦因此引來「齋口不齋心」的批評。然而並非所有人都是出於宗教信仰而茹素，對其他因各種理由而實踐素食，卻仍然對肉食有留戀的人而言，這類素肉不失為一種替代品。整體而言，它們不算美味，且很多都添加了色素和鹽份，令人擔心肝腎的健康。

素肉 2.0（仿肉初階）

主要嘗試呈現肉類的口感，也強調營養成分和健康價值，例如乾燥大豆素肉、麵筋等。可是，它們吃起來仍然不太像肉，沒有肉的香味。至於烹調方法，也不能和肉食的體驗相提並論。這類素肉，仍以中老年人和佛教追隨者為主要顧客，難以說服年輕人在日常生活中食用。

素肉 3.0（類近肉類的口感和質感）

進一步呈現肉類的口感，也嘗試讓顧客獲得肉食的滋味，例如素漢堡扒、素雞扒。此類產品開始指向普羅大眾，特別是追求健康和健美的人士。但是，由於它們仍缺乏肉香，外觀上缺乏血色，無法滿足嗜肉族群，或在意素肉「像不像肉」的人。

素肉 4.0（現時的階段）

這類素肉，已演化至與真正的肉類相當接近，可用相同的方法烹調，擁有近乎相同的口感、外觀色澤，例如 Impossible Foods（不可能食品）和 Beyond Meat（超越肉類公司）就是當中的先導者。這類素肉最大的賣點是其「小鮮肉」狀態，即烹調前不但會滲出血水，烹調後紅肉部分還會轉為褐色，且流出鮮肉汁、散發肉香，烹調體驗幾乎與肉類無異。

這類素肉的技術改革，的確使部分嗜肉者開始「轉軚」。加上此類產品打造年輕、健康、時尚的印象，對象顧客也指向普羅大眾，包括不同宗教背景、講求健康和環保的人，引發新的素食潮流。這類素肉的卡路里低，無膽固醇，在機能上確實比傳統肉類優勝。Impossible Foods 公司宣稱，其「漢堡扒」主要成分來自大豆的蛋白質、血紅素、酵母提取物、甲基纖維素、食用澱粉、椰子油和葵花籽油，不含動物荷爾蒙或抗生素，並已獲得猶太潔食（Kosher）、清真食品（Halal）和無麩質認證。[20]

不過，素肉發展也不是沒有爭議的，它牽涉讓不少人擔心的基因改造工程，即消費者重視的「潔淨標籤」。Impossible Foods 的血紅素，來自一種真菌：畢赤酵母（*Pichia pastoris*）。研發團隊把畢赤酵母基因改造，加入大豆血紅蛋白基因，使酵母在發酵過程當中製造出血紅素。當科學家提取這些血紅素蛋白，濃縮成紅色的液體，再添加到大豆蛋白和其他成分的時候，它們的外觀和烹調起來就會像生碎牛肉。2019 年 7 月，Impossible Food 獲得了美國食品藥物管理局（FDA）批准，可使用紅色液體作為顏色添加劑，意味著這種「山寨」牛肉被政府正式認可，可以合法登場了。[21]

至於 Beyond Meat，則是以不含基因改造作為市場定位，而且清楚列明成分，包括豌豆蛋白、菜籽油、椰子油和天然香料

20 https://impossiblefoods.com/products/burger

21 https://www.nature.com/articles/s41587-019-0313-x

等；以甜菜根汁和石榴濃縮汁模仿肉的血紅色，以椰子油和可可脂模仿肉的大理石花紋。這款產品富含維他命和礦物質，而且標示其飽和脂肪比肉類少 35%，讓人感覺吃得更健康，但又不失肉類的外觀和烹調體驗。

未來，食品工業還有多種可能。包括人類可利用人工智能／物聯網，來監控食物的品質和安全性。而科學家也在開發納米技術，在肉類加入個人化的保健功能，即在未來，顧客甚至可以選擇個人化調配的素肉。香港理工大學未來食品研究院院長黃家興博士，便成功從虎奶菇中製備出高穩定性的納米「硒」（Selenium）粒子，未來可添加至食物當中，用作預防多種慢性疾病。

面對這些可能性，我感覺是有些矛盾的。有時技術發展讓人感覺有無限潛能，可以回應到很多人類大問題；有時卻讓人憂慮，擔心新技術會引起其他健康或環境風險。世界就是那麼錯綜複雜，但我想，我們還是可以樂觀審慎地展望，並以消費者的能力，去選擇你想看到的未來吧！

◉ 懷著願景的 「菇式」飲食實踐

最後，日本 Sigmaxyz 公司的研究員田中宏隆、岡田亞希子、瀨川明秀，在《未來食物大預報》一書中，提出了 12 項未來食品的願景，[22] 我也在這基礎上，加入相應的「菇式」實踐：

未來食品的願景	菇式實踐
1. 讓人人都願意並能夠自行生產食物	政府可否以具體配套來支持本地農民種菇？甚至市民將來可在家自行種菇，如平菇及靈芝。
2. 重視烹調過程的滿足感	在快熟與慢煮之間取得平衡，享受烹調自然食材的樂趣，也享受過程與體驗。牛肝菌、猴頭菇及羊肚菌等菇菌，都需要慢煮和適當的處理才可煮出菇香，過程和結果都讓人滿足。
3. 每次用餐都真誠感恩，感受到世界資源的彌足珍貴	每吃一種食物時都問，這輩子還能再品嘗嗎？與其狼吞虎嚥，不如慢慢品嚐菇菌賜給我們的第五味——鮮味，我每次進食新鮮松茸的時候，都有如此感受。
4. 無障礙的餐飲	不分種族、貧富、宗教，各人均能以低廉的價錢，從菇菌吸收充足的蛋白質，享有健康的身體機能，和維護健康的權利。
5. 重視食物背後的基礎科學知識	我們對飲食、營養的基本知識其實非常薄弱，以致錯過了菇菌這個既廉宜又健康的選擇。全球各地不妨推廣菇菌教育，普及吃菇的習慣，以延長健康壽命。

22 田中宏隆、岡田亞希子、瀨川明秀（2022）:《未來食物大預報：後疫時代的食品優化、新時代包裝、烹調體驗與數據結合 AI 應用趨勢》，台北市：高寶出版社。

6. 滿足特定社群的 飲食需求	可把真菌蛋白粉和食用凝膠添加在有吞嚥困難的老年人和嬰幼兒食品中。
7. 透過科學與科技，向世界傳播地道風味和文化	糅合飲食與科技，探索新烹調手法、研發智慧家電，保存味道、營養和各國地道風味，包括發酵文化。
8. 透過飲食、烹調來減少孤獨	透過分享飲食、烹調、種菇心得，重塑新冠肺炎後疏離的關係。
9. 透過飲食、烹調來重振本地社群	在社交群組分享飲食、烹調、種菇心得，也可舉辦種菇訓練班、在種菇場現採現煮、菇菌燒烤派對等。
10. 將食物生產的角色回歸本地	為什麼每天都要長途跋涉把食物從世界各地送來？在本地，甚至在家裡自行種菇採食可行嗎？
11. 讓人無後顧之憂地投入飲食業	嘗試增加公眾對食用真菌蛋白的接受程度，推廣菇菌產業。
12. 飲食系統和習慣以「不浪費」為前提	設置配套，支持菇農利用樹藝及園藝廢棄物，和城市產生的副產品（如咖啡渣、豆渣、啤酒渣，甚至廚餘）來栽培菇菌。

第八章

在可持續農業裡，
還真菌一個名份

◉ 現代農業的天大誤會

上一章提到的糧食危機和趨勢，很難不聯繫上現代食物的生產模式。

自二戰結束以來，全球農業發生了翻天覆地的變化。新技術、機械化、科技化、企業化，農企既廣泛使用肥料和農藥，政府亦制定提升農作物產量的政策，世界漸漸發展成以少量勞動力來換取飆升的食品產量。

但這些變化的代價實在太大了。大企業使家庭農場衰落，繼而持續剝削勞動者的生活和工作條件，有如令人毛骨悚然的現代奴隸制度。周而復始的噴灑農藥，導致全球有 3.85 億宗農藥意外中毒，其中有 11,000 人因此喪命。在全球的 8.6 億農業人口中，約有 44% 的農民曾因使用殺蟲劑而中毒。南亞、東南亞和東非則是急性農藥意外中毒病例最多的區域。[1]

這種沒有健康意識的耕種模式，除了處理不到資源分配不均的問題，長遠而言禍害人體之外，還導致表層土壤枯竭，四周空氣、土地、地下水嚴重污染，環境裡的其他生物亦難以存活。

有毒化學品，像滴滴涕（DDT）、艾氏劑（Aldrin）和狄氏劑（Dieldrin）等，雖然早在 1970 年代就被禁止使用了，但是由於其化學穩定性，它們至今仍然存在於環境之中，隨著雨水流入水源或滲入土壤裡面，長遠毒害微生物、植物、動物和人類。

1　Boedeker, W., Watts, M., Clausing, P., Marquez, E. (2020). The global distribution of acute unintentional pesticide poisoning: estimations based on a systematic review. *BMC Public Health*, 20(1), 1875. https://doi.org/10.1186/s12889-020-09939-0

而且，草甘膦 (Glyphosate)、硫丹 (Endosulfan) 和百草枯 (Paraquat) 等農藥，雖然早被證實含有致癌物、內分泌干擾物和神經毒性，會損害人體的生殖系統和重要器官，各國政府都已經限制使用。然而，政府的執行力度並不足，有些農民因著即時果效，還是傾向繼續使用；加上農藥生產企業亦多次花費巨額，企圖推翻法律的約束，質疑有關農藥毒性研究的依據，利用似是而非的論點，以證明他們生產的農藥仍然可以安全使用，維護自身的利益，令這些農藥仍在市面流傳。

其中，瑞士化學巨頭「先正達」(Syngenta) 生產的除草劑「百草枯」，便曾被指控長期接觸會導致帕金遜病。但先正達卻堅稱，科學證據不足以證明兩者的因果關係，並以巨額法律訴訟推翻了大部分指控。但實際上，他們卻隱瞞了 1,000 多份證實該產品有毒的內部文件和會議記錄，並沒有停止生產和銷售這些除草劑。時至今日，儘管已有 32 個國家禁用百草枯，但在美國，這種農藥的應用仍在增加，而且沒有減少的趨勢。

問題在於，這種所謂先進的農業模式，完全誤解了泥土、植物，也無視真菌的特殊角色。

◉真菌如何替植物固本培元？

菌根真菌的角色

我在第一章提過，真菌與植物的關係相當微妙，至今我們仍沒法完全理解它們之間錯綜複雜的關係。但經過這數十年的科學研究，我們現在至少知道，地球上 92% 的陸生植物都是與菌根共生的。在自然界生長的植物，一般都會吸引到一些能與它們根部共生的真菌菌種，大概每棵植物有五至十種。

這些菌根猶如土壤和植物的中介橋樑，是貫穿「地上」和「地下」的使者。它們不但能幫助植物「固本培元」，有助植物從根部吸收一般較難攝取的磷酸鹽（PO_4^{3-}）和銨鹽（NH_4^+）；而且還能增強對環境壓力的抵抗力，幫助抵抗泥土疾病、防治病蟲害。

但現代農業模式，卻以為真菌和植物是互相分離的，無意間將這些真菌大多殺死了。

當人類以為自己在憑藉現代技術好好管理農作物，事實卻是相反；只有學懂維護整個生態環境的品質，盡量保護土壤的結構，不隨意擾動，讓土壤有條件自行維繫土壤微生物的活性、多樣性，農作物反而較容易在健康的土壤上快高長大。這便是近年愈來愈多人重視的「可持續農業模式」的核心了。可持續農業，說的是尋找一種技術上適當、經濟上可行，社會又接受到的方式，來好好保護土壤、水、植物和動物，並保障人類現在和未來的食物需求。

至於具體照顧土壤的方式，包括維持土壤有機物、保持土壤覆蓋、控制土壤侵蝕、合理施肥、選擇適合的作物等等，大致都是以改善養分循環為原則。

「可持續農業」若然實行得到，不僅可解決許多環境問題，還可以解決人類的社會問題。改行這模式，能為種植者、勞動者、消費者、決策者，整個環環相扣的糧食系統裡的人，帶來一個更健康，同時經濟上可行的機會。

內生真菌的貢獻

但是在大型單一種植的工業式農業模式之中，要保護土壤的活性是很難的。在這土壤狀態之下，加上氣候暖化等外在變化，植物便容易滋長各種病蟲害，不夠還擊之力了。

在這模式之下，科學家也在想新的方法。

話說，植物不僅在根部擁有五至十種共生菌，植物的其他身體細胞內，也有超過十種內生菌。以往我們理解，這些內生菌在植物生命週期的大部分時間都處於休眠狀態。但最近有研究發現，內生真菌分泌的生長激素其實能大大促進種子發芽、根部發展、樹幹和樹葉生長、向光性、開花與結果。

例如有科學家便曾在內生真菌中提取「生長素」（Auxin），發現這生長素它原來能有效促進稻米和粟米幼苗的生長，使它們在受壓情況下產量不減，甚至更好。[2、3] 從農業科技公司的角度來說，這是天大的喜訊。因為這些內生真菌可以在實驗室裡大規模生產，不再需要工廠以高昂成本合成化學生長激素，既減少製造化學品，亦可以大量降低生產成本。市場上有新的選擇，農民亦較大機會以低廉的價錢提升耕作效率。

2 Kandar, M., Suhandono, S., Aryantha, I.N.P. (2018). Growth promotion of rice plant by endophytic fungi. *Journal of Pure and Applied Microbiology*, 12(3), 1569-1577. http://dx.doi.org/10.22207/JPAM.12.3.62

3 Ali, R. et al. (2022). Growth-promoting endophytic fungus (*Stemphylium lycopersici*) ameliorates salt stress tolerance in maize by balancing ionic and metabolic status. *Front. Plant Sci.*, 13, 890565. https://doi.org/10.3389/fpls.2022.890565

相比於植物生長激素的研究，真菌作為農作物刺激抗壓反應的研究則只在起步階段，沒前者那麼成熟。農作物在生長過程中，會面對很多環境壓力，例如乾旱、鹽分、極端溫度和細胞過早衰老等問題。這些環境壓力會單獨或者同時出現，也會因地球暖化而加劇。而且有些植物對環境壓力特別敏感，如可可（製造朱古力的原料）、咖啡、茶、香蕉、甘蔗、菠蘿、椰子、油棕、橡膠等。

那麼，真菌又有什麼妙法呢？在芸芸真菌之中，一種叫「印度梨形孢菌」（*Serendipita indica*）的內生菌，最近獲得廣泛注意。

這種真菌非常容易在植物中繁殖，非但對植物無害，而且根據測試，它們更能增強植物抗乾旱、抗鹽、抗重金屬的能力。例如添加這種真菌後，大豆的生長改善了，營養提取也變得更好。在環境壓力下，擁有這種真菌的粟米依然生長旺盛，而且枝條上的鉀離子含量有增無減。一項 2018 年度的大型研究，分析了 42 種植物及 94 種內生菌，顯示內生菌能促進植物的氮元素吸收，並有效促進植物的抗壓能力。[4] 現時，科學家仍在努力剖析不同真菌品種的抗壓基因，了解它們如何促進寄主植物的一些抗壓反應，讓我們拭目以待吧！

這不禁令我想起，我們已經不容易在市面上買到非基因改造的大豆、稻米，甚至各種水果蔬菜了。因為基因改造的農作物成本較低、產量較高，農企有更大經濟誘因生產它們。可是隨著知識水平提升，愈來愈多消費者更願意購買非基因改造的天然食品，且熱烈提出相關訴求。

在這場科技和倫理爭議當中，有些科學家也在尋求一些既非基因改造，而又能維持產量的方案。最近，一間名為生物保證（BioEnsure）的公司，便得到美國食品及藥物管理局的認可，當使用這公司生產的真菌添加劑時，即使農作物得承受一定的

4 Rho, H. et al. (2018). Do endophytes promote growth of host plants under stress? A meta-analysis on plant stress mitigation by endophytes. *Microb. Ecol.*, 75, 407–418.

環境壓力，仍能保證較為有效穩定的種子發芽比率、植物使用
水分的能力，維持有效產量。這個方案的優勝之處，就是讓植
物更接近野生植物的狀態，在短暫的生命週期裡，更容易找到
小伙伴們一起成長。

◉農業化學劑的升級替代品

取代化肥的真菌類「生物肥料」

為了取替現時廣為人使用、短期見效但長遠代價更大的化學肥料，並且擴大這些替代品的市場，我們必須想想方法。比如是更積極支持可持續農業的農產品，也比如是給那些替代品取一個漂亮的名字，幫助推廣這些另類運作模式。究竟用什麼名字才最合適，能讓人一聽即明呢？這需要市場學的專家去想一想營銷策略。近十年，科學界傾向使用「生物肥料」（Biofertilizer）這個名稱。

生物肥料並不是一個新概念。在農業社會裡，廚餘便常常製成堆肥，以營養豐富的肥料形態回歸泥土。至今天，香港不少農夫仍有用廚餘來做堆肥的習慣。微生物在堆肥的製作過程裡，往往有不可或缺的角色。它們可以分解有機廢棄物中的碳、氮、磷等元素，同時釋放出熱能和水分，使有機廢棄物逐漸轉化為土壤肥料。在今日，廚餘亦是社會的大問題，有待社會各界思考如何減少和善用。

而在科技的發展下，堆肥處理亦出現了新的技術可能性。利用核酸排序技術，科學家掌握到哪些真菌是堆肥分解的關鍵，可以通過為那些真菌製造適合的生長環境，來加速堆肥的製作過程。例如，1930 年代，有科學家便發現一種名為木黴菌（Trichoderma）的真菌，可以提高堆肥轉化率，縮短堆肥的轉化時間；亦可保護柑橘幼苗免受病原體的侵害，後者稱作「生物防治」（Biological Control）。

去到 1970 年代，更有多種真菌被選用，來促進植物生長發展和預防病害，它們被稱為「有益真菌」或「生物防治真菌」。時至今天，有科學家把這類真菌稱為「生物肥料」，是想表達這是一個升級版，有「固本培元」及「降魔伏妖」之效，比傳統肥料更優勝。

2022 年，南京農業大學有幾位專家，在《自然：生物膜和微生物組》上發表他們三年的田間試驗成果。他們發現比起用有機肥，添加木黴菌更能提高作物的生長和產量。研究追蹤了土壤細菌和真菌群落對這些處理的反應，尋找有助於提高作物產量的關鍵土壤微生物種群。研究結論包括，真菌類生物肥料的效力，不僅源於它們自身，還源於它們激活了其他在土壤的真菌種群，兩者產生協同作用。[5] 所以，真菌類生物肥料，有助培育健康的土壤，或許是農業生產突破的一個契機。

來到今天，這些產品已不只是實驗室裡的試驗了。許多真菌生物肥料已在全球作商業生產，並逐漸立足於市場。常見品種有：鏈格孢屬（*Alternaria*）、曲霉屬（*Aspergillus*）、毛殼屬（*Chaetomium*）、鐮刀菌屬（*Fusarium*）、青黴屬（*Penicillium*）、莖點霉屬（*Phoma*）和木黴菌（*Trichoderma*）等。它們有多種配方類型，可包含一種或多種真菌配方，以配合不同種植需求。當中，曲霉菌、毛殼菌、青黴和木黴菌已被廣泛採用。而我在香港，也一直在體弱多病的老樹身上使用木黴菌，以幫助樹木對抗頑固的褐根病，更有條件復原過來。

以往大量使用化學肥料，在土壤中實在積累了過量的養分，太污染環境了。使用生物肥料，是可持續農業模式的一個大方向，長遠減輕土壤及水源污染，又可以增加糧食產量，一舉幾得。

未來，希望土壤微生物學家、農學家、植物育種家、植物病理學家，甚至營養學家和經濟學家能夠通力合作，思考以下幾點：先為作物選擇高效、有競爭力的多功能生物肥料；掌握生產與

5　Hang, X. et al. (2022). *Trichoderma*-amended biofertilizer stimulates soil resident *Aspergillus* population for joint plant growth promotion. *NPJ Biofilms Microbiomes*, 8, 57. https://doi.org/10.1038/s41522-022-00321-z

應用生物肥料的質量，確保使用時有效、效果也夠穩定；另外，將生物肥料的生產技術，轉化為大規模工業生產水平和最佳配方，可適用於不同農業系統；最後，推動政府制定《生物肥料法》，嚴格監管市場和應用質量。[6]

新產品研發流程

```
┌─────────────────────────────────────────┐
│        科學家收集田野觀察，提煉問題              │
│   （考慮因素：病蟲害問題嚴重性、作物幼苗存活率、    │
│            環境壓力因素等）                    │
└─────────────────────────────────────────┘
                    ⋮
┌─────────────────────────────────────────┐
│          在實驗室裡做新產品測試                 │
│   （考慮因素：作物反應、菌種穩定性、整體成效等）     │
└─────────────────────────────────────────┘
                    ⋮
┌─────────────────────────────────────────┐
│              田野試驗                        │
│  （考慮因素：作物反應、菌種穩定性、整體成效、風險預測）│
└─────────────────────────────────────────┘
          ⋮                      ⋮
┌──────────────────────┐   ┌──────────────┐
│      市場產品開發         │   │  地區應用性研究   │
│  （考慮因素：開發的技術困難、 │   └──────────────┘
│    研發成本／盈利、效果、    │
│    施用難度、貯存難度等）    │
└──────────────────────┘
```

試驗中的真菌類「殺蟲劑」

根據聯合國糧食及農業組織（FAO）的估計，全球每年大約損失差不多 40% 的農作物。這些被消耗的農作物固然「養活」了大量吃食它們的昆蟲，卻也造成每年 700 億美元的經濟損失，其中特別影響農村貧困社區的主要收入。由於氣候暖化，一些

6　Wahane, M.R., Meshram, N.A., More, S.S., Khobragade, N.H. (2020). Biofertilizer and their role in sustainable agriculture - A review. *The Pharma. Innovation Journal*, 9(7), 127-130.

害蟲，如以玉米、高粱和小米等作物為食的草地貪夜蛾和瓜實蠅已經大幅蔓延；沙漠蝗蟲的遷徙路線和影響範圍也愈來愈廣。現時最常見控制昆蟲入侵的策略，是使用化學合成的殺蟲劑，例如毒死蜱、乙酰甲胺磷和聯苯菊酯。然而，隨著昆蟲已對一些殺蟲劑產生抗藥性，以往配方的成效已愈來愈弱，變相誘使人加重劑量。可是大量使用殺蟲劑，卻會嚴重禍害農民、農田附近的居民、食用者，以至環境的健康，得不償失。

其實，昆蟲與微生物在大自然中的關係甚為複雜，大致分為致病、寄生、互惠共生、偏利共生和競爭等關係。如果能夠善用寄生在昆蟲身上的微生物，使昆蟲染病，那麼不需動用化學物質，也可以控制到昆蟲的數量，讓它們沒那麼容易在農作物間繁殖。

據科學家在大自然的觀察，感染昆蟲的寄生性真菌，對昆蟲有高度專一性，這些真菌的生活習性，是會寄生在某類昆蟲身體上，並殺死寄主。而科學家在實驗室也能複製這些感染狀態，表示他們大致明白箇中原理。因此，從寄生性真菌研發的微生物殺蟲劑，理應只是針對目標昆蟲，對其他昆蟲的影響不大，對人類較為安全，對環境污染及殘留的顧慮也可減低。其次，若環境條件適合，它們可在農作物的害蟲間形成傳染病，只需施菌一次，便可在一段時期有效抑制害蟲繁殖，具傳播性且藥效持久；若與化學殺蟲劑配合使用，也可減緩或避免害蟲對化學殺蟲劑產生抗藥性，長遠降低化學殺蟲劑之使用量。

現時被廣泛研究和應用的真菌類殺蟲劑，主要來自白僵菌（*Beauveria bassiana*）和黑殭菌（*Metarhizium robertsii*）兩種。研究指出，黑白殭菌也在持續演化，克服昆蟲不斷變化的防禦策略，維持身為寄生菌的感染力。[7] 不過這也反映了，自然世界變數眾多，來到實際應用時，人類仍然很難全盤掌握這些生物防治方式的成效。現時，科學家還在逐步剖析寄

7　Ortiz-Urquiza, A., Luo, Z., KeyhaniI, N.O. (2014). Improving mycoinsecticides for insect biological control. *Appl. Microbiol. Biotechnol.*, 99(3), 1057-1068. https://doi.org/10.1007/s00253-014-6270-x

生菌的複雜致病機制，包括它們致病時會分泌什麼酵素和有毒化合物。因為涉及複雜的化學和分子生物學內容，這裡就不詳談了。但了解背後機制，是克服實際應用寄生菌時各種困難的關鍵。

以往，絕大多數研究都集中針對黑白殭菌對昆蟲的感染性，但沒有想過它們與植物之間的關係。有趣的是，有科學家漸漸發現，原來白僵菌除了是昆蟲的寄生菌，也是植物的內生菌。在番茄、玉米、香蕉、咖啡、棉花等作物上面都曾經找到此菌。它們能轉化營養給植物，同時也會在自己有需要的時候，從植物取得營養來感染昆蟲。現時科學界對此仍所知有限，但我的感覺是，大自然間物種的相互關係，比我們想像中複雜且奧妙太多了。

近年在香港，「朱紅毛斑蛾」在新界西北部不時大規模出現，以元朗及屯門區尤其嚴重。它們把榕樹吃得光禿禿，區內不少古榕樹均被侵害。有人曾經使用白僵菌，作為控制樹木蟲害的策略，暫時效果似乎較為緩慢。其實，使用方法直接影響使用成效，我們還需要多些本地的應用性研究，來找出最有效的施用方式。所以管理者在選擇蟲害應對策略的時候，需要更多耐性，給予研究空間。未來，期望政府支援本土相關研究，培養適合本土真菌類殺蟲劑的品種。

不殺蜂、不致癌的真菌類「除草劑」

上面略提到，草甘膦是世界上使用最廣泛的化學除草劑之一，用作管理農地的雜草。它是自 1974 年起在美國註冊的化學農藥，局方會每 15 年對農藥重新評估一次。然而，草甘膦一直存在很大爭議，安全性和效用成疑。

2015 年，世界衛生組織國際癌症研究機構 (IARC) 判定草甘膦「可能致癌」。不過，美國環保局堅稱，適量謹慎使用草甘膦

仍是安全的；至於歐洲食品安全局（EFSA）也表示，草甘膦不太可能導致癌症。但事實上，有科學家在雨水、河流、農產品、食品（包括啤酒、麵包等）、肉製品及人體中都曾經檢驗到草甘膦殘留，反映濫用的情況相當嚴重；也曾出現過人類中毒事件，導致國際反對使用草甘膦的運動愈來愈烈。另有研究發現，草甘膦可能會傷害蜜蜂，破壞蜜蜂消化系統中的微生物群落，使它們更容易受感染。這也是近年蜜蜂數量銳減的因素之一。除了草甘膦，以往大量噴灑含劇毒的化學除草劑，亦導致無數悲劇，包括大量畸形嬰兒和癌症個案。

那我們可否使用其他方法控制雜草？在 1990 年代初期，雜草管理的另一重要選擇是機械方法，如使用耙、除草機和由動物或發動機驅動的耕作機。可惜，機械除草亦有機會導致土壤侵蝕和養分流失。[8] 同時，有科學家提議微生物除草劑，即利用植物病原體，如真菌、細菌和病毒，來針對性地減少、抑制或殺死雜草種群，這亦稱作「生物防治」。而我在這裡強調的，則是真菌在生物防治上的潛在用途。

利用微生物防除雜草的方式有兩種。第一種，是直接在實驗室大量培養這些活體微生物菌株，研發成微生物製劑，噴灑或接種於目標雜草。

這方式，在 1980 年代的美國，微生物除草劑研究還未盛行之時，已經有零星的嘗試了。例如在美國水稻和大豆田中，曾應用「炭疽菌」（*Colletotrichum gloeosporioides*）來控制雜草「合萌草」（別名皂角，*Aeschynomene virginica*），這是真菌作為微生物除草劑的首次實際應用，後來被商業註冊為「Collego」產品，這仍是至今少數成功的例子。[9]

那麼，什麼真菌品種具有除草潛力？一般容易引起雜草嚴重病症的品種，包括炭疽菌屬（*Colletotrichum*）、疫病屬（*Phytophthora*）、鐮孢菌屬（*Fusarium*）、鏈格菌屬

8　Abbas, T., Zahir, Z.A., Naveed, M., Kremer, R.J. (2018). Limitations of existing weed control practices necessitate development of alternative techniques based on biological approaches. *Advances in Agronomy*, 147, 239-280. https://doi.org/10.1016/bs.agron.2017.10.005

9　Templeton, G.E. (1991). Use of *Colletotrichum* strains as mycoherbicides. In: *Colletotrichum: Biology, Pathology and Control* (Bailey, J.A., Jeger, M.J. Eds.). CAB International, Wallingford, UK, 358-380.

(*Alternaria*)、銹菌屬 (*Puccinia*)、尾孢菌屬 (*Cercospora*)、
黑粉菌屬 (*Entyloma*)、殼單孢菌屬 (*Ascochyta*) 及菌核病
菌屬 (*Sclerotinia*) 等病原菌，是較具潛力變成商品的例子。
惟因真菌孢子型製劑，對環境條件要求嚴格，在批量生產、配
方、貯存等技術問題上的門檻亦較高，因此對商家誘因較小。
目前已商品化之微生物除草劑，除了 Collego 外，還有利用「銹
病菌」來防治「油莎草」（黃土香）的真菌性除草劑，商業註冊
為 BioSedge™。

的確，要研發一種新的真菌除草劑並不容易，有幾個因素需要
考慮。包括是否容易在實驗室裡培養及產生大量孢子，貯存穩
定、基因穩定；並且在實際應用條件下，能有效抵受當地溫度
變化和地理環境、與其他化學品兼容等等。我曾聽過我的博士
指導老師奇雲・海德教授 (Kevin Hyde) 提及，在 1990 年代，
有政府部門曾經和他討論過如何抑制薇甘菊。薇甘菊是香港以
至世界常見的雜草，生長及繁殖速度驚人，可在短時間盤纏周
邊的植物和樹木，導致大量植物死亡，已被列入「世界上最有
害的 100 種外來入侵物種」名單。海德教授表示可以使用微生
物除草劑，針對性殺死雜草種群。我也曾經在他的指導下，
從薇甘菊中分離出致病性的尾孢菌 (*Cercospora*)。可惜局方
對此方案有太多顧慮，如擔心研發成本太高、不知如何檢視使
用效果，也擔心在大自然施用時出現不受控的意外傳播，最後
計劃作罷。

現時，更可取的方案是第二種，即利用真菌病原毒素，或菌株
裡具除草活性之代謝物，經發酵或化學合成方式，再研發成除
草劑。其好處是，在大自然施用時，只影響噴灑的範圍，不受
控制的傳播風險相對較低。相信以現時的實驗室發酵技術，大
量生產真菌病原毒素的能力比以往已經大大提高，這個方向更
具環保和可持續生產的原則，期望科學界進一步探討此方面的
可能。

同樣可減慢農作物腐壞的真菌類「抗菌劑」

在全球化年代，農作物採收後，若不是在本地銷售，便得經歷漫長的過程才會到達消費者手中，涉及很多資源和技術，每個步驟都是一環扣一環的。

一般來說，農作物採收後，會先做初步篩選；堆疊時需慎防擠壓和刮破作物；篩選後會稍作清洗和乾燥處理，以去除污垢、病原體和噴灑物的殘餘；然後會按品質分成等級，按營銷需要來貯藏或包裝。每個步驟都不能掉以輕心，我們最後拿到的農作物，外觀才會完好無缺，沒有發霉和蟲蛀。所以，漂亮的農作物背後，盡是費煞思量的管理啊！

這些農產品有些來自鄰近地區，也有來自發展中國家，農場可能位處山區，交通不便。另外，一些農作物本身亦較易腐壞，包括葉菜類、表皮較薄的水果（如草莓、葡萄、梅子、覆盆子），它們的實體損失和質量損失自然會比一般蔬果更甚。根據一項調查顯示，到達消費者的手中時，農作物平均已有 42.6% 實體損失及 13.8% 質量損失，整體經濟損失達 51.4%。換言之，在這產銷模式之下，我們其實丟掉了極大量食物，情況實在非常驚人。[10]

這過程中，我特別關注細菌和真菌類的腐壞。為了減慢一些水果變壞，企業會噴灑化學藥品，來控制運送中的真菌感染。例如對柑橘類水果會使用抑霉唑（Imazalil）、速菌淨（或稱噻苯唑，Thiabendazole）；葡萄會使用酒精、派美尼（Pyrimethanil）、二氧化碳、二氧化硫（SO_2）、臭氧、一氧化二氮（Nitrous Oxide）等等，全都是溫室氣體兼毒藥。[11]

慶幸，隨著公眾更多表達健康和生態友善的訴求，部分企業也陸續開發更多不含合成化學品的產品，包括微生物類抗菌劑。現時的微生物類抗菌劑，一共有三大類別。

10　Strecker, K., Bitzer, V., Kruijssen, F. (2022). Critical stages for post-harvest losses and nutrition outcomes in the value chains of bush beans and nightshade in Uganda. *Food Sec.*, 14, 411–426. https://doi.org/10.1007/s12571-021-01244-x

11　De Simone, N. et al. (2020). *Botrytis cinerea* and table grapes: A review of the main physical, chemical, and bio-based control treatments in post-harvest. *Foods*, 9(9), 1138. https://doi.org/10.3390/foods9091138

第一類開發的，是「子囊菌」抗菌劑，不少已經取得科研證實，證明可應用於抑制桃駁李、桃、葡萄和草莓上的病菌，如麴黴菌 (*Aspergillus*)、灰黴病 (*Botrytis cinerea*)、炭疽菌 (*Colletotrichum*)、鐮孢菌 (*Fusarium*)。這些子囊菌類抗菌劑包括短梗霉 (*Aureobasidium pullulans*) 及青黴菌 (*Penicillium frequentans*) 等等。[12]

第二類，是「酵母菌類」抗菌劑，如念珠菌屬 (*Candida*)、德克酵母屬 (*Dekkera*)、畢赤酵母屬 (*Pichia*)、漢森酵母屬 (*Hanseniaspora*) 等等。[13、14]

第三類，是「擔子菌類」抗菌劑，如大隱球菌 (*Cryptococcus magnus*) 可抑制炭疽菌的菌絲體生長，並控制木瓜採後的炭疽病。香菇提取物也證實可控制小麥葉銹病的生長。[15] 此外，血紅密孔菌 (*Pycnoporus sanguineus*) 可控制由豆類引起的角斑病。[16] 姬松茸提取也有助抑制小麥葉銹病。

> **受益於真菌類抗菌劑的生果：**
> 梨、桃、葡萄、草莓、木瓜、豆類、小麥葉、番茄

可是，雖然有 10 至 20 年的有效科研實證，但至目前為止，這些研究仍缺乏大規模的田野試驗來證明其成效。眾所周知，商業化是一個漫長而昂貴的過程，真正能商品化的真菌類抗菌劑，例子真的是鳳毛麟角。[17] 第一代商業酵母菌類抗菌劑 Aspire® 和 YieldPlus®，即使它們在市場上已有數年之久，但由於市場開發困難、盈利低、商業條件不一致和效果不佳等原因，產品現已被撤回。

後來，法國 Agrauxine 公司基於念珠菌 (*Candida oleophila*)

12 Guijarro, B. et al. (2007). Effects of different biological formulations of *Penicillium frequentans* on brown rot of peaches. *Biol. Control.*, 42(1), 86–96.

13 Parafati, L., Vitale, A., Restuccia, C., Cirvilleri, G. (2015). Biocontrol ability and action mechanism of food-isolated yeast strains against *Botrytis cinerea* causing post-harvest bunch rot of table grape. *Food Microbiol.*, 47, 85–92.

14 De Capdeville, G. et al. (2007). Selection and testing of epiphytic yeasts to control anthracnose in post-harvest of papaya fruit. *Sci Hortic-amsterdam.*, 111(2), 179–185.

15 Fiori-Tutida, A.C.G., Schwan-Estrada, K.R.F., Stangarlin, J.R., Pascholati, S.F. (2007). Extracts of *Lentinula edodes* and *Agaricus blazei* on *Bipolaris sorokiniana* and *Puccinia recondita* f. sp. *tritici*, *in vitro. Summa Phytopathol.*, 33(3), 287–289.

16 Viecelli, C.A., Stangarlin, J.R., Kuhn, O.J., Schwan-Estrada, K.R.F. (2009). Induction of resistance in beans against *Pseudocercospora griseola* by culture filtrates of *Pycnoporus sanguineus. Trop. Plant Pathol.*, 34(2), 87–96.

17 Zhang, X., Li, B., Zhang, Z., Chen, Y., Tian, S. (2020). Antagonistic yeasts: A promising alternative to chcmical fungicides for controlling postharvest decay of fruit. *Journal of Fungi*, 6(3), 158. https://doi.org/10.3390/jof6030158

研究，推出 Nexy 產品，對應各種水果和蔬菜的採收後病害。奧地利公司 bio-ferm 也以短梗霉（*Aureobasidium pullulans*）開發了兩種產品，其中一種是以競爭養分和空間的方式，控制由多種真菌病原體引起的病害，而另一種則用於防治葡萄、草莓和番茄的灰黴病。

迄今為止，單純使用真菌類抗菌劑，還不足以完全替代化學抗菌劑；真菌類抗菌劑在許多方面仍有待改進，未來的日子的確不易走。但作為消費者，我們至少可以表達自己的顧慮和訴求，推動企業和政府多走一步。當然另一條出路，也可以支持本地農業，鼓勵食物在本地種植、本地銷售，直接縮減採收後的運輸距離。

無法也不應否定的是，未來的世界仍可能會有翻天覆地的變化，導致價值鏈上湧現前所未見的革新，讓這些替代品贏得消費者的信心。

第九章

分解有毒垃圾的
古老修復師

- 被污染世界急需的專業技能
- 分解塑膠和醫療廢料的學習者
- 危險品處理專家
- 吃下食物工業遺害的大胃王
- 是技術更是合作對象

◉ 被污染世界急需的專業技能

我在第一章提過，木材腐朽真菌是真菌界的「木工大師」。這些生長在木材和土壤中的擔子菌和子囊菌，可以將木質素分解，慢慢化作泥土的營養。有趣的是，這個真菌類群其實也一直吸引科學家的注意，皆因多種有害的有機化合物（如膠袋、原油、重金屬等等）的化學結構，原來跟木質素的化學結構非常類似。這是自然界一個神奇且重要的巧合。

於是乎，這 20 年來，科學家開始研究，真菌可以像分解木質素般，分解膠袋、原油、重金屬嗎？既然真菌在自然界分佈廣泛，適應力強，容易引入受污染的土壤和海洋自然生長，並有能力漸漸適應污染物的內外條件；那它是否可以幫人類「執手尾」，修復被人類污染的世界？

現在世界各地的城市化比例仍在火速增長，伴隨而來的廢物和污染物問題，讓人頭痛不已。尤其在 2020 至 2023 年間，全球人類每天都戴口罩，防疫物資和外賣飯盒的使用量大增，都導致塑膠垃圾史無前例的增多。

現時，塑膠問題已經非常嚴重，根據塑膠製造商聯盟的數據，全球每年生產的塑膠產品數量已經超過 3.9 億噸，其中大部分最終都會被丟棄，進入自然環境，[1] 估計其中有 800 萬噸塑膠垃圾會丟進海洋。以香港為例，每天棄置的膠樽加起來長度達 1,000 公里，相當於香港至越南的距離！

如果我們還以為把垃圾放進垃圾桶裡就完成責任，事實是，海洋塑膠每一秒都在碎成微膠粒，被海洋生物吞食，進入食物鏈，

1　https://www.statista.com/statistics/282732/global-production-of-plastics-since-1950/

人類最後還是會自食其果。微膠粒如何影響海洋生物，也是近年的全球熱門話題。或許，我們已經不知不覺吃下了許多含有微塑膠的魚、蠔和魷魚等海產了。

有些地方，更是這些海洋垃圾的直接受害者。南太平洋深處的小島亨德森島（Henderson Island），沙灘上散佈著大約 18 噸的塑膠垃圾，被列為全球塑膠污染最嚴重的地方之一。而在海洋中漂浮的垃圾，形成了近年著名的「大太平洋垃圾帶」（Great Pacific Garbage Patch）。

塑膠垃圾只是廢物管理的其中一項例子。當廢物及污染物管理不當，海洋垃圾在不久的未來可能會在全球各處湧現。

那麼，關鍵是什麼？究竟如何解開這個「膠結」？

從源頭減廢，以及在尾端處理廢物及污染物，都是可持續發展的重要法門。當然還少不了改變的決心，和勇於嘗試的心態。畢竟謹慎是需要的，但若然害怕風險而什麼都不試，一直因循下去，問題還是無法解決。

「源頭減廢」的面向，恕這書無法詳述。先說回菇菌的潛力。

大型的菇類已經在自然界打滾了四億多年，小型的菌類更經歷了十億年，捱過了地球五次大滅絕，是一種具有絕佳適應力的古老生物，可以說是地球上的「老江湖」。只要有「利」可圖，它就有動機分解對方，取其用之；對於真菌來說，「利益」就是生長所需的營養。分解複雜有機物質的分子結構時，菇菌會依靠酵素（也稱為「分解酶」，Enzyme）。每種菇菌都擁有數十種酵素，就像是開鎖的鑰匙，可以打開複雜的結構。不同的菇菌都擁有其「代代相傳」的獨門秘方酵素，可以解開不同的物質。

那麼，到底人類有沒有機會邀得菇菌來開鎖？

◉ 分解塑膠和醫療廢料的學習者

菇菌分解對象之一：塑膠口罩

外科口罩是抗疫時必不可少的防護用品。雖然它們能夠提供良好的防護效果，但在自然界中卻是難以分解。口罩由不同的聚合物材料製成，包括塑膠聚丙烯 (PP)、聚氨酯 (PU)、聚丙烯腈 (PAN)、聚苯乙烯 (PS)、聚碳酸酯 (PC) 和聚乙烯 (PE) 等，總之就是極難被分解的物質。有研究表明，棄置在垃圾堆中的聚丙烯經過一年之久，只有 0.4% 的塑料會被分解，有些塑膠物料甚至需要長達 1,000 年才能分解！

這意味著，因為疫情，土壤將積累更大量「長生」的口罩殘留物，加重環境負擔。

以往，科學家提出過一些解決方案，包括光降解、化學降解、熱降解、伽馬射線照射，還有生物降解（生物添加劑或微生物降解）等。不過前四種方法需要高成本和高能量才能進行，因此還需要尋找更環保、更可持續的解決方案。

微生物的降解研究方面，進展又如何？

讓人鼓舞的是，已知有 400 多種微生物能夠降解塑膠物料，其中包括約 150 多種可「降塑」真菌。[2] 部分學者的研究重點集中在煙麴黴 (*Aspergillus fumigatus*) 和黃孢原毛平革菌 (*Phanerochaete chrysosporium*) 上，這兩種微生物分別可以降解 11 種和 10 種塑膠物料。[3]

2　Lear, G. et al. (2021). Plastics and the microbiome: Impacts and solutions. *Environ. Microbiome*, 16, 2. https://doi.org/10.1186/s40793-020-00371-w

3　Gambarini, V. et al. (2021). Phylogenetic distribution of plastic-degrading microorganisms. *mSystem*, 6(1), e01112-20. https://doi.org/10.1128/mSystems.01112-20

不僅如此，有科學家還通過基因親緣關係，分析未知的微生物，以確定它們是否也具有降塑能力。這項研究從 6,000 種微生物的基因數據庫中，發現了 16,170 個同源基因，這些基因都可能是有能力分解塑料的酵素，讓人緊張期待。

然而，要讓真菌有效地分解塑膠口罩，仍然存在一些挑戰。包括真菌需要特定的環境條件，如溫度、濕度和氧氣含量等才可好好生存。在實際應用中，真菌分解塑膠的速度也相對較慢，需要一定時間才能完整分解一個口罩。這些因素聽上去，大概不特別吸引在意成本和效率的企業。但正如要邀請一個人跟自己合作，也需要尊重對方，讓對方生出合作意願，不能強迫。因此，若要發展微生物降解，也需要為真菌提供良好的條件和足夠時間。

菇菌分解對象之二：醫療廢料

除了留下巨量塑膠廢料，疫情其實也是個契機，讓我們正視全球醫療系統帶來的廢料問題。

比如止痛藥、必理痛，是香港人在疫情下四處搜括，以至一度斷貨的藥物。但當中的「撲熱息痛」（Paracetamol）成分，其實亦會危害生態環境，包括在海洋生物體內積聚，損害其繁殖組織，抑制細胞生長和行為。而當這些海洋物產進入人類食物鏈，後果更無法預期。不說不知，早於十多年前，「撲熱息痛」成分已可在世界各地的地表水、廢水和飲用水中檢測得到。[4] 每家每戶，特別是年老長者，可能都習慣儲存大量藥物，而當藥物過期後，大家便會將其扔進垃圾桶，長埋在堆填區。難以想像的是，若有科學家在疫情之後再做檢測，水中的「撲熱息痛」水平會是怎麼樣的？

事實上，據世界衛生組織的資料，約有 15% 的醫療廢料都含有有毒化合物、抗生素、具傳染性的有害微生物和放射性危險物。[5]

4　Wu, S., Zhang, L., Chen, J. (2012). Paracetamol in the environment and its degradation by microorganisms. *Appl. Microbiol. Biotechnol.*, 96, 875–884. https://doi.org/10.1007/s00253-012-4414-4

5　https://www.who.int/news-room/fact-sheets/detail/health-care-waste

這些東西可不是好玩的，如果不適當地處理和處置，就可能進入土壤和水源中，擾亂生態平衡。更值得深思的是，我們現時的污水處理系統，並沒有處理醫療廢料污染的機制。

我們需要採取措施，妥善處理這些醫療廢料，最迫切的是，政府應該設立一個中央收集過剩藥物的程序，以減低它們流落自然環境的風險。另外，也可嘗試借助真菌之力。

比如有科學家已經證實，水生真菌「凍土毛霉」(*Mucor hiemalis*) 可以去除廢水中必理痛的「撲熱息痛」成分。6 我們熟悉的雲芝還可以降解止痛藥物「可待因」(Codeine)、鎮靜劑「安定」(Diazepam)、抗癲癇藥「卡馬西平」(Carbamazepine) 和「美托洛爾」(Metoprolol) 的有毒成分。7 雲芝的降解能力還非常高效，能在短短六小時內把消炎藥中的「萘普生」(Naproxen) 降低到不能檢測的水平，並在半天內去除其毒性。8 那這種神奇的能力從何而來呢？原來，雲芝可以在廣闊的溫度範圍 (10–25°C) 下，產生比其他真菌高 20 倍的漆酶酵素 (Laccase)。

此外，抗菌素耐藥性 (Antimicrobial Resistance) 亦是一個普遍現象。當這些古老微生物 (如細菌、病毒、真菌和寄生蟲) 持續演化，發展出抗菌素，便能夠抵抗原本有效的藥物。一方面，這讓人見識到這些「老江湖」生物的絕佳適應力，但如果不適當地處置含有抗菌素的廢物，它們就有可能流進土壤和水源，甚至形成「超級耐藥性」微生物。據權威醫學期刊《刺針》估計，在 2019 年，全球約有 127 萬人直接、495 萬人間接，死於耐藥微生物的感染，9 而美國疾病管制與預防中心聲稱，每年為了治療抗生素耐藥性，需花費超過 46 億美元。10

這個由微生物的強大適應力引起的問題，有科學家再次借助其他適應力強勁的菇菌來應對，包括運用秀珍菇 (又名平菇、側耳或蠔菇)、雲芝和香菇等。原來秀珍菇可以在兩週內去除液

6　Esterhuizen-Londt, M., Schwartz, K., Pugmacher, S. (2016). Using aquatic fungi for pharmaceutical bioremediation: Uptake of acetaminophen by *Mucor hiemalis* does not result in an enzymatic oxidative stress response. *Fungal Biol.*, 120(10), 1249–1257. http://dx.doi.org/10.1016/j.funbio.2016.07.009

7　Asif, M.B., Hai, F.I., Singh, L., Price, W.E., Nghiem, L.D. (2017). Degradation of pharmaceuticals and personal care products by white-rot fungi—a critical review. *Curr. Pollut. Rep.*, 3, 88–103. http://dx.doi.org/10.1007/s40726-017-0049-5

8　Marco-Urrea, E., Pérez-Trujillo, M., Blánquez, P., Vicent, T., Caminal, G. (2010). Biodegradation of the analgesic naproxen by *Trametes versicolor* and identification of intermediates using HPLC-DAD-MS and NMR. *Bioresour. Technol.*, 101(7), 2159–2166. http://dx.doi.org/10.1016/j.biortech.2009.11.019

9　Antimicrobial Resistance Collaborators. (2022). Global burden of bacterial antimicrobial resistance in 2019: a systematic analysis. *Lancet*, 399(10325), 629–655. https://doi.org/10.1016/S0140-6736(21)02724-0

10　https://www.cdc.gov/drugresistance/solutions-initiative/stories/partnership-estimates-healthcare-cost.html

體中的抗生素「氧四環素」(Oxytetracycline)，雲芝可以去除「磺胺二甲嘧啶」(Sulfadimidine)，而香菇則可以去除皮癬藥膏中，抗真菌藥「克黴樂」(Clotrimazole) 中的成分。培植真菌菌絲的方法簡單、價格低廉、有效而且安全，是未來修復被人類污染世界的不二之選。[11]

然而，完整的降解路徑、生物化學和分子機制仍有待研究。我們仍需要探索如何創造最佳的條件，以提高效率，才能將這些方法應用到大規模的修復計劃中。

11　Migliore, L., Fiori, M., Spadoni, A., Galli, E. (2012). Biodegradation of oxytetracycline by *Pleurotus ostreatus* mycelium: a mycoremediation technique. *J. Hazard. Mater.*, 215-216, 227-232. http://dx.doi.org/10.1016/j.jhazmat.2012.02.056

◉危險品處理專家

更厲害的是，真菌的神奇修復能力，還可以應用到多種讓人聞之色變的高危物品之上。

菇菌分解對象之三：放射性廢物

生活在香港，你有沒有想過自己有機會接觸到核輻射呢？

如果一個人居住在核能發電廠、核武器研究設施，或處理核廢料的工廠附近，就有可能接觸到含有輻射的核廢料。而距離香港最近的核能發電廠，是大亞灣核電站，直線距離僅有 50 公里。不過自 1994 年開始營運以來，該站的放射性物質排放量符合國家標準，環境輻射監測數據也符合國家和國際標準，在世界核營運者協會（WANO）的表現指標中屬名列前茅。

但即使核電站沒有大礙，它們依然可以帶來隱形的核「災」。日本東京電力公司在 2023 年，便開始把上百萬噸未處理好的福島核電站的核廢水，直接排放到太平洋，離香港並不遠。你有否想過，這會影響到日本進口食品的安全？還有旅客到日本地區的安全風險？

放射性廢物之所以可怕，是因為輻射能夠破壞 DNA 分子，導致細胞死亡或異常增生，引發癌症、免疫系統、生殖系統疾病等健康問題。輻射還可能對神經系統、心臟和其他重要器官造成損傷，嚴重的甚至可導致死亡。

核廢料的禍害，視乎放射性物質的半衰期有多長。「半衰期」也就是指放射性元素在衰變過程中，其放射性原子核的數目跌至

原來一半所需的時間。半衰期愈長，代表放射性粒子對地球的傷害就愈深遠。而且，放射性物質除了可經水源累積在動物體內，經食物鏈傳遞，更可怕是，即使半衰期已過，部分放射物質還可一直累積，留在環境裡長達十萬年之久。

當中，鍶 - 90（Strontium-90）和銫 - 137（Caesium-137）都是兩種非常危險的放射性元素。它們的半衰期分別為 29 和 30 年，儘管如此，它們其實已經是放射性元素中半衰期比較短的兩位了。

切爾諾貝爾核災難是在 1986 年發生的；可是 35 年後，來到 2021 年，有科學家在德國收集的野生菇菌樣本中，仍然能檢測到當年核災的放射性污染物——銫 - 137 殘餘。雖然濃度沒有超過法定限值，但這個消息仍然讓人擔憂。如果它們在體內累積又怎辦呢？我們甚至不會知道答案。

但核污染那麼高危的問題，真菌都幫得上忙？原來可以！

首先，2023 年的研究發現，只要把靈芝菌粉末，放入含放射性元素鈾的核廢水中，就可以在五分鐘內吸收 60% 的鈾。這個方法可用於一般核電站，處理低水平的放射性廢物。[12] 其中原理是真菌的「生物吸附」（Biosorption）特性，讓微生物把廢水中的污染物質，分離並吸附到其細胞外層多醣體上。

當然，如果想在日本實行這個方法，還需要進一步研究其可行性。但是，這個方法的好處就是，不需要受限於真菌的生長條件，只要使用「乾燥後」的菇菌粉末作為吸附劑即可做到，真是太厲害了。

此外，秀珍菇除了可以修復醫療廢料的抗生素，原來還可以幫助到受核輻射污染的土壤。研究人員發現在實驗室條件下，秀珍菇可以吸收土壤中的放射性核元素鈈 - 239（Plutonium

12　Vyas, M., Kulshrestha, M. (2023). Removal of radioactive material (Uranium-VI) from low level wastewaters and subsequent disposal of loaded biomass. *Materials Today: Proceedings.* https://doi.org/10.1016/j.matpr.2023.01.274

239）和鋂 - 241（Americium-241），研究有助於為受污染場地選擇具修復能力的真菌。[13]

現時，很多國家的土壤都受輻射污染。烏克蘭和鄰國如波蘭、俄羅斯、白俄羅斯、斯洛伐克、匈牙利和摩爾多瓦，以至德國，均受 1986 年的切爾諾貝爾核事故影響至今，事故發生在離烏克蘭和白俄羅斯邊境 16 公里。另外，日本因 2011 年福島核電站事故，導致福島地區的土地受到輻射嚴重污染。

至於俄羅斯、美國、英國、法國、中國及印度，在 1996 年《全面禁止核子試驗條約》生效前，做了約 2,000 多次核試驗，都污染了大片土壤及大幅海洋。

菇菌分解對象之四：原油

另一種高危污染物是原油，即是未經加工的石油，因管道洩漏、人為事故、不當處理或油輪洩漏等問題而外洩出來。在陸地上，原油外洩直接污染土壤、地下水，禍害周遭的植物和動物。在水域中，原油則會形成深黑色油膜，使水生生物和鳥類等窒息，影響沿海社區和漁業。

原油洩漏其實挺常見。近年較嚴重的事故包括：2010 年，英國石油公司在墨西哥灣的石油鑽探平台爆炸，導致 490 萬桶原油洩漏；2020 年，由三井集團擁有的世界上最大油輪之一「若潮號」從中國駛往巴西途中，於毛里求斯南部的海岸觸礁擱淺，導致 1,000 噸原油洩漏到印度洋；2022 年，加拿大輸往美國的油管「拱心石」洩漏逾 1.4 萬桶原油等等。

可是一般原油公司的「執手尾」方法，例如掩埋、蒸發、分散和清洗等，都留下很多問題，基本上無視當地的環境和生態系統。

13　Galanda, D., Matel, L., Strisovska, J., Dulanska, S. (2014). Mycoremediation: the study of transfer factor for plutonium and americium uptake from the ground. *J. Radioanal. Nucl. Chem.*, 299, 1411–1416.

首先，掩埋的方法，需要大量土地和資源；將污染物掩埋地下，亦只不過是「眼不見為乾淨」，污染物仍然會滲入地下水和土壤中。其次，蒸發和分散的方法亦不過是將污染物轉移到空氣中，隨風飄散，還需要大量的時間和金錢資源，效果不佳。至於清洗的方法，亦會將污染物帶到其他地方，導致污染範圍擴大，還需要大量的水資源和能源，損害當地水質。

這些都是人類使用石油燃料的後果。除了選擇其他能源，避免重蹈覆轍；由於傷害仍在發生，我們也有需要開發更先進且可持續的修復方案。

利用真菌來修復原油污染，科學界已研究了 20 多年。研究發現某些種類的真菌能夠生長於受原油污染的環境，並證實它們能消除土壤中的污染，當中以一些在油污中找到的真菌最有潛力。有研究從沙特阿拉伯油田的原油污染土壤中，分離出三種麴霉品種（*Aspergillus polyporicola, A. spelaeus* 和 *A. niger*），在生物降解能力測試中，黑麴黴（*A. niger*）的成效最為顯著。[14]

由於原油污染在全世界的嚴重性，經科學界數十年的努力後，生物復修方法也日漸成熟，以真菌降解油污的專利註冊也愈來愈多。據資料，不少專利已在美國、英國、中國、歐盟和巴西等國家成功註冊，大多集中使用麴黴菌（*Aspergillus*）和青黴菌（*Penicillium*）作為註冊應用的生物。[15] 這些報道讓我讀得感動，因為有真菌這樣的生物，我們才得以打開了一道治理污染的嶄新大門，真菌為我們帶來了更多希望和可能性。

可以想像，這些修復法的研究，都需要龐大投資和試驗。但既然已有這技術革命，各國政府實在有責任好好規管原油公司，在漏油時採用更環境友善的處理方法吧。

14 Al-Dhabaan, F.A. (2021). Mycoremediation of crude oil contaminated soil by specific fungi isolated from Dhahran in Saudi Arabia. *Saudi Journal of Biological Sciences*, 28 (1), 73-77.

15 Quintella, C.M., Mata, A.M.T., Lima, L.C.P. (2019). Overview of bioremediation with technology assessment and emphasis on fungal bioremediation of oil contaminated soils. *Journal of Environmental Management*, 241, 156-166.

菇菌分解對象之五：水中的重金屬和染料

另一種高危物質，則是我們手機含有的重金屬。

這些電子產品生產時，使用了大量的有毒物質，如稀土金屬。這些有毒物質在提取和加工過程中，若然未經處理就被排放到河流和海洋，同樣會直接毒害生態，包括積累在水生生物體內，進入食物鏈，繼而被人體吸收。

直至 2022 年為止，已經有逾百位學者研究稀土的毒性，期望喚醒大眾關注數碼時代的副產物，也重新審視自己的購買行為。消費者需要關注這些產品的生產過程，大企業也需要採取措施來減少水污染，保護珍貴的水資源。16 至於在生產鏈的尾端，現時科學界已經鎖定真菌，是用來修復重金屬污染的重要選擇。

使用真菌來修復重金屬污染，可謂是環保、可持續、效果顯著和低成本的方法。不過，要讓真菌發揮最大的吸附（Biosorption）效果，還需要研究人員不斷改良技術，例如增加真菌與金屬污染物表面接觸的面積、界達電位（Zeta Potential）、粒子大小等等。17

此外，紡織染料產生的有毒廢水也嚴重污染水源。幸好科學家正在努力研究新的解決方法，例如漆酶酵素（Laccase）的應用。學者們發現雲芝（*Trametes versicolor*）、平菇（*Pleurotus ostreatus*）和一些海洋真菌，如棘孢木霉菌（*Trichoderma asperellum*）、匍柄霉（*Stemphylium lucomagnoense*）、小巢狀麴菌（*Aspergillus nidulans*）等的漆酶酵素，都能有效地降解有機污染物，替紡織染料脫色和解毒。這種方法的好處是可持續又環保，不過，要在真實環境中處理廢水，還需要克服許多困難，例如高濃度的污染物和高溫等等。

16 Brouziotis, A.A., Giarra, A., Libralato, G., Pagano, G., Guida, M., Trifuoggi, M. (2022). Toxicity of rare earth elements: An overview on human health impact. *Front. Environ. Sci.*, 10, 948041. https://doi.org/10.3389/fenvs.2022.948041

17 Goutam, J., Sharma, J., Singh, R., Sharma, D. (2021). Fungal-mediated bioremediation of heavy metal–polluted environment. In: *Microbial Rejuvenation of Polluted Environment* (Panpatte, D.G., Jhala, Y.K. Eds.). Springer, Singapore, 51-76.

◉吃下食物工業遺害的大胃王

菇菌分解對象之六：農藥

我在上一章提過，農藥的危害是不容忽視的。而真菌除了可以成為農藥、殺蟲劑、除草劑的替代品之外，原來還懂得如何分解有害農藥的化學成分！

發現真菌擁有這專業技能的研究，採用了「就地取材」的方法，也就是選擇研究在受污染場地生長出來的真菌。不入虎穴，焉得虎子，惟有愈接近污染場地，才能夠找到解除害劑化學結構的鑰匙。例如，在曾經使用殺蟲劑「硫丹」的農田中，科學家發現塔馬氏麴黴（*Aspergillus tamarii*）和落葉松枯梢病菌（*Botryosphaeria laricina*），這兩種真菌能夠利用殘留當地數十年的硫丹及其有害代謝物，用作自己生長的營養要素，最終，有毒成分被它們「吃掉」。[18]

2017 年，危害人體的殺蟲劑「芬普尼」（Fipronil，也譯作氟蟲腈）在歐洲引發了一場食品安全風波。這種殺蟲劑污染了幾個國家的家禽養殖場，有見及此，當局禁止銷售受影響的蛋和蛋製品，一些國家如荷蘭還永久禁止在家禽養殖中使用芬普尼。

而灰帶藍麴黴（*Aspergillus glaucus*）這種真菌，正正有神奇的能力，能夠「化毒物為微菌」，降解芬普尼及其代謝物。這種真菌會產生多種酵素，採納殺蟲劑成分為它的碳營養源和其他能量來源，在其生長過程中把芬普尼分解成危害較小的化合物。[19] 真菌見有「利」可圖就「貪吃」到底的能力，實在讓人類佩服。

18　Silambarasan, S., Abraham, J. (2013). Mycoremediation of endosulfan and its metabolites in aqueous medium and soil by *Botryosphaeria laricina* JAS6 and *Aspergillus tamarii* JAS9. *PLoS One*, 8(10), e77170. http://dx.doi.org/10.1371/journal.pone.0077170

19　Gajendiran, A., Abraham, J. (2017). Biomineralisation of pronil and its major metabolite, pronil sulfone, by *Aspergillus glaucus* strain AJAG1 with enzymes studies and bioformulation. 3 *Biotech*, 7, 212. http://dx.doi.org/10.1007/s13205-017-0820-8

農藥應用是一個複雜的經濟問題。但看見真菌和一班科學家都那麼努力，那在技術改革之後，就輪到政府、企業和農民，決意推動新技術並落實執行了。

菇菌分解對象之七：廚餘

最後，廚餘，看似沒核輻射等危險品那麼可怕，但卻是環境問題中最荒謬的浪費之一。

為何要浪費能源和資源，來製作我們不吃的食物？香港每天都產生約 3,600 噸廚餘，佔總垃圾產量約 30%。在全世界，每年產生超過 1.2 億噸的廚餘，佔了所有垃圾的相當大比例。

再仔細想想，除了日常生活中的剩菜、剩飯、蔬菜、果皮、茶葉渣等有機廢棄物，還有大量廚餘是由食物生產商在加工過程中棄掉的，例如製作橄欖油後會留下大量的研磨廢棄物，製作番茄醬後有番茄渣等。還有一部分，是食材在生產過程中被丟棄的，例如外觀不完美或已經爛掉的水果和蔬菜。

問題是，當這些有機物質被運往堆填區掩埋，而不是拿去回收循環時，便會分解出大量甲烷、二氧化碳、硫化氫和多種溫室氣體，其餘有害氣體和液體則會污染地下水和土壤。

上一章提過，廚餘可以變成堆肥，以營養豐富的肥料形態歸回泥土；我亦談過，咖啡渣、豆渣、啤酒渣，甚至日常的廚餘，可以用來栽培菇菌，在這裡就不重複了。那麼生產橄欖油和番茄醬遺下的橄欖渣和番茄渣，又可以怎麼處理？有科學家發現，我們可用一些微型真菌，如葡萄孢菌 (*Botrytis*) 和鏈格孢菌 (*Alternaria*) 來分解這兩種食品工廠遺下的棄物。[20]

以上都是「循環經濟」的重要實踐，既減低糧食危機，也緩減溫室氣體，在此還是得多謝常常被人類忽略的真菌。

20 Gordillo, F. et al. (2017). Degradation of food manufacturing wastes by a fungal isolate. *Chilean J. Agric. Anim. Sci.*, 33(1), 84-90.

◉是技術更是合作對象

以上七大領域，都可以應用「菇菌修復技術」。這技術指的是通過菌絲體的代謝作用，吸收和分解污染物，將它們轉化為無毒或低毒物質。這技術低成本、高效率、對環境無害，目前已經在陸地、海洋和空氣治理中得到一定程度的應用。

但我更想帶出，與其以「利用」、「控制」的心態看待菇菌，其實更理想的關係是人類邀請菇菌成為「合作」對象。畢竟真菌不一定聽從人類的指令，它們只是在盡力開拓自己的食物來源和生存空間。而科學家可以做的，正是嘗試了解它們，借助它們的學習能力，來幫忙解決人類留下來的問題。真的非常佩服菇菌的智慧，也很佩服這些科學家的堅持和勇於嘗試的精神，共同為實現可持續發展和生態平衡貢獻良多。

第十章

提供另類物料和
能源的長期拍檔

- 永續物料的革命
- 在生物燃料裡用上真菌
- 真菌與「碳中和」概念的契合

◉ 永續物料的革命

上章提到我們的廢物問題有多嚴重，特別是塑膠廢料氾濫，無處不在。但要解開這個「膠結」，不能只想如何守好尾門，還得重新設計整個生產模式，減少持續製造垃圾。

早在 1994 年，歐洲就制定了《歐洲包裝及包裝廢棄物指令》，協調成員國減少產生包裝垃圾，並回收可再利用的垃圾。而德國更在 1991 年實施了《包裝垃圾管理法》，銳意減產包裝垃圾，並提倡把它們循環利用，是世界上第一條同類的管理法規。這些法規的實施，主要是為了延伸生產者責任制度，將包裝廢物的處理責任，歸還給把它們製造出來的生產商。

歐洲的法規雖然較為先進，可是那邊的垃圾，其實很多都是丟到發展中國家，由其他國家的窮人和環境來承受。自 1992 年以來，中國接收的塑膠垃圾便佔了世界總數約 45%。至 2018 年 1 月，中國啟動了禁廢令，禁止進口廢塑膠，這消息掀起了全球的垃圾大戰，迫使各國和企業正視塑膠廢棄物處理的問題。在 2018 至 2019 年間，許多企業紛紛公佈了其發展永續包裝的新目標，並投入資源，致力在 2025 或 2030 年實現。不能再方便地把垃圾棄置到中國，這個「困境」迫使全球企業更重視生產者責任，其實也反過來證明了環保和可持續發展的重要性。

在這場減廢、用廢、減碳的大趨勢當中，我們也值得探索一下有什麼更環保的物料。

說到這裡，菌絲體物料該出場了。菇菌近年來開始被廣泛應用於物料領域，被視為永續材料的一場革命。皆因真菌物料是一

種可持續、可回收和可生物降解的替代品，可以在許多不同的應用中替代傳統塑料和其他不可持續的物料。

菌絲體物料（Mycelium-based Material），指的是利用真菌絲生長的特性來設計產品。這物料的製造方法，就是鼓勵特定品種的真菌在有機原材料上繁殖，並編織絲狀網絡，只要配合特定模具去塑形，就可以製造出萬千產品的形狀。

從生產角度來看，菌絲體物料具有許多優點。首先，用來生產菌絲的原材料完全來自天然資源，可以使用農業廢棄物，如玉米芯和木屑等。其次，菌絲體物料是可再生資源，不會把天然資源耗盡，對環境的影響很微。此外，菌絲生長速度快，而且具有甚佳的物理和化學特性，例如隔熱、防水、不助燃、柔韌性強、可塑性高等好處，使得它們在許多應用中都能夠取代傳統的塑料材料。菌絲體物料的潛力確實不容小看，為我們提供了一個環保和可持續的替代方案。

目前，美國、荷蘭、比利時和澳洲一些大學的建築和物料科研實驗室都在積極研發「菌絲體新物料」，以塑造名為「生長中的設計」（Growing Design）的目標產品。業界對這種物料的興趣與日俱增，目前已經有兩家公司開始產業化生產，包括美國生態創新設計公司（Ecovative Design）和真菌工作室（MycoWorks）。

其中，美國生態創新公司正在嘗試利用農業廢棄物來培植菌絲，生長出有價值的包裝、裝飾、隔音和建築材料。他們的目標是取代現有不能回收的發泡膠包裝物料，期望菌絲體能夠更容易塑造出所需的形狀。這種做法可謂三贏，同時實現減廢（減少不能分解的廢棄包裝物料，使用可生物降解的菌絲體物料）、用廢（回收農業的廢棄物）和減碳。

著名的電腦相關產品企業 Dell，近年便開始使用這些菌絲物料製造包裝箱，至少已經有 500 萬個包裝箱是這樣製造出來的。

至於真菌工作室，其首席技術官菲力普·羅斯 (Philip Ross) 則利用菌絲體設計了多個大型建築結構和傢具。展覽會上的那些設計，創意無限，展示出菌絲的魅力與潛力。菲力普也是真菌建築 (Mycotecture) 的發起人，近年致力於設計「菌絲皮革」。他又跟品牌 Hermès 合作，使用靈芝的菌絲來打造出環保手袋 (Sustainable Bags)。

「菌絲皮革」既輕巧、防水、防火，且製作時間短，只需大約一星期即可得到等同一塊全牛皮的尺寸。相反，若是動物皮革，每一頭動物都得花上幾年時間成長；那些動物的飼養環境大多很惡劣，且過程中會產生大量的碳足印，例如每生產一雙動物皮靴，都會產生 33 磅的二氧化碳。[1] 而菌絲皮革的生產過程則是碳捕集和封存反應，把吸收了二氧化碳的原料製成皮革，讓二氧化碳封存其中。這不就是環境局所提倡「碳中和」(Carbon Neutrality) 的最佳例子？

提到時裝界，還有麻省理工大學和時裝技術學院攜手合作，研發可生物降解鞋類 (Biodegradable Shoes)，並與波鞋品牌 New Balance 合作，提供替代塑膠的方案。此外，Adidas 也與史黛拉·麥卡尼 (Stella McCartney)、lululemon 和 Gucci 等品牌組成聯盟 Mylo™，積極研發菌絲體物料，逐步取代現有物料。

感謝真菌，推動了這個「絕膠」的契機和永續物料的革命。從以上例子，我們看到企業界開始負責地合作，探討消費品製造垃圾的問題，並以自身的影響力，帶動更環保的潮流。期望這些突破性的研究，可進一步推動業界加強研發新的生物材料。最後補充一句，減低物欲，不做過度消費，總是減少廢物的永恆王道。

1　https://www.seinsights.asia/article/4448?amp=

◉ 在生物燃料裡用上真菌

不過，也為上面展現的滿滿希望留個註腳。皆因能源是現代社會運轉的基礎，幾乎所有活動都需要能源來支持，就算是現代化的菇菌栽培、以永續物料來製造產品的工廠等等，也無法避免。但開發和使用不同能源，都會影響環境，其中，化石燃料更是製造問題的表表者。那該怎麼辦？如果朝著可持續發展的方向，除了研發塑膠替代物，從源頭減少垃圾之外，政府還應該從源頭減少對化石燃料的依賴，制定相應的政策和法律，鼓勵研發和使用清潔能源，例如太陽能、風能、生物能等「可再生能源」。

生物能，是其中一種近年很受重視的可再生能源。這種能源是通過轉化生物資源而來，主要由糧食作物製成，也包括生物廢料、都市固體廢物及其他有機物。其中最常見的生物燃料是「乙醇」，一種由高糖農作物（如甘蔗、玉米）發酵而成的酒精燃料；另一種是「生物柴油」，由植物脂肪或植物油提煉而成。

據國際能源署（IEA）的資料，由 2021 至 2026 年，全球生物燃料需求將增長 410 億公升，即上升 28%。[2] 政府政策是增長的主要驅動力，受制於地區總體的交通燃料需求、成本和具體政策設計等因素。整體而言，美國、歐洲、印度和中國的生物燃料需求將增長超過一倍以上。

香港現時應用生物燃料，仍屬起步階段。2021 年 11 月，世界自然基金會香港分會（WWF Hong Kong）便發佈了首份相關的本地研究報告。[3] 該研究探討生物燃料在目前的應用和未來的用途，並分析生物燃料可以如何協助香港實現減碳目標和氣候行動的藍圖。香港近 20% 的溫室氣體排放來自交通運輸，

2　IEA (2021). *Renewables 2021*. IEA, Paris. https://www.iea.org/reports/renewables-2021

3　https://wwfhk.awsassets.panda.org/downloads/20211116_biofuel_study_report_chi.pdf

要解決碳排放問題，必須從海陸空交通工具（即飛機、汽車及輪船）著手，選用低碳的生物燃料是一個理想的選擇。

2023 年，我們終於迎來一點曙光，看到本地校巴團體以及巴士公司開始使用生物柴油。政府也有計劃在 2035 年，將所有的公共巴士和小巴全面轉換成零排放車輛，其中包括使用生物燃料的車輛。另一個試點，是位於九龍灣的「零碳天地」，這座建築利用廢置食用油製成生物燃料，產生可再生能源，以每年淨零碳排放為目標。可惜它生產燃料的規模，依然相當有限就是了。

那麼，真菌可否協助我們應用生物燃料？

現時，農作物轉化為生物乙醇的效能仍不算很高，這使它的價格偏貴，仍未追得上便宜的化石燃料，在以利益為首的市場上，就不夠競爭力了。要將農作物發酵，轉化為乙醇，需要降解植物細胞壁中的纖維素。惟過程並不簡單，需要多個預備程序，用到高溫及強酸，且這種方法昂貴、緩慢且效率低。此外，發酵過程會令總產量降低，因為這種預處理方式會釋放弱酸、呋喃和酚類化合物等抑製劑。那該如何突破這道難題？原來，其中一些問題可以靠真菌來克服，因為真菌是個如假包換的酵素專家！

科學界最近熱烈討論的話題之一，是在預處理程序使用真菌，把農業廢棄物中難以分解的木質纖維素轉化為糖。科學家會選擇一些不怕熱的真菌品種，例如有嗜熱孢子菌 (*Sporotrichum thermophile*)、橙色嗜熱子囊菌 (*Thermoascus aurantiacus*) 和土生梭孢黴 (*Thielavia terrestris*) 等。[4] 在工業生產規模上應用嗜熱真菌，可以節省能源，避免了蒸汽預處理後昂貴的冷卻費用，並提高糖轉化率。

4　Dashtban, M., Schraft, H., Qin, W. (2009). Fungal bioconversion of lignocellulosic residues; Opportunities & perspectives. *Int. J. Biol. Sci.*, 5(6), 578-595. https://doi.org/10.7150/ijbs.5.578

而且，有些真菌其實本身就可以產生油代謝物，稱為「產油真菌」（Oleaginous Fungi），有潛力用作生物柴油配方。產油真菌對土地的要求較低，培養時間短，同時脂肪酸（油）的產量亦相當高。

另外，「厭氧真菌」也是生物燃料生產突破上一個重要應用，它們擁有豐富的酵素，可以改善各種生物原科的降解，並產生沼氣。[5]

最近，生物燃料領域中還有個最新發展的項目，即是開發「真菌燃料電池」（Fungal Fuel Cells, FFC）。真菌燃料電池系統，被稱作「新型細胞工廠」，說的是讓酵母菌或畢赤酵母在污染物上生長，它們可以在短時間內降解這些材料，以產生生物能源，也同時修復了污染物。這計劃集污水處理和發電於一體，一舉兩得，甚具應用前景。[6] 與傳統生物、物理和化學廢水處理方法相比，真菌細胞在污水污泥中積累能量的效力，更高出九倍之多。

在開發真菌燃料電池上，人類再次「使用」上酵母菌。然而，我還是想再表達一次，與其僅將酵母菌視為「使用」或「利用」的對象，我們更值得將它們看成我們的「合作」伙伴。在人類歷史上，酵母菌多次與我們一起；當我們面臨各種困難時，總能從酵母菌身上找到最有價值的解決方案。自從一萬年前幫助人類釀造啤酒和麵包以來，酵母菌一直貢獻人類的文明，不僅是第一個完成基因組測序的真核生物，也是公認最有用的模式生物，甚至與人類一起獲得了「最多」的諾貝爾醫學獎項。

真菌的確可以為人帶來疾病，但同時亦持續貢獻人類。我們無法完全控制到酵母菌的生命，正如我們無法控制任何生命一樣，但我們絕對可以邀請酵母菌，來與我們開拓更美好的將來。

5　Saye, L.M.G. et al. (2021). The anaerobic fungi: Challenges and opportunities for industrial lignocellulosic biofuel production. *Microorganisms*, 9(4), 694.

6　Umar, A., Smółka, Ł., Gancarz, M. (2023). The role of fungal fuel cells in energy production and the removal of pollutants from wastewater. *Catalysts*, 13(4), 687. https://doi.org/10.3390/catal13040687

◉ 真菌與「碳中和」概念的契合

最後，來談一談世界各國的可持續發展藍圖裡，通常都會包含的「碳中和」目標。「碳中和」指的是二氧化碳淨排放量為零的狀態，在排放碳和從大氣中吸收碳之間取得平衡。現時的討論大概涵蓋了四個方面：

● 首先，減少溫室氣體排放，跟化石能源分手，逐步採用可再生能源和開拓新能源，提高能源使用效率，並推動可持續運輸、建築和製造，亦盡可能減少廢棄，循環資源；這需要的是全方位的改進。

● 其次，是「碳捕捉」和「碳封存」，通過技術捕捉二氧化碳，並將其儲存在地下，包括土壤、岩層或海洋底，防止其進入大氣系統。

● 再者，保育既有森林，也在合適的地方植樹造林。樹林可以吸收大量二氧化碳，將其固定在植物體內，從而減少大氣中的溫室氣體含量，這就是所謂「綠碳」的概念。

● 最後，採用「碳抵消」，企業購買碳抵消配額，通過投資具有碳抵消效益的可持續發展項目，抵消自身的溫室氣體排放；類似「在一處破壞後試著在另一處彌補」的概念。

「碳抵消」這概念一直存在爭議，如這是否大企業的「漂綠」公關手段、真破壞假彌補等等。我也認為這方面仍然存在很多疑團，執行並不簡單。

「碳捕捉」與「碳封存」(Carbon Capture and Storage，簡稱 CCS) 這概念一直備受市場追捧，連馬斯克、蓋茨、貝佐斯也看好。但除了成本高至近乎不切實際，讓各國政府卻步；而且製造過程也常常需要用到化石燃料，以致有如賠了夫人又折兵。例如 2022 年 3 月，石油和天然氣公司大陸資源 (Continental Resources) 宣佈將在未來兩年內投資 2.5 億美元，建設世界最大的碳捕獲和封存項目，方法是把美國多個州份 31 家乙醇工廠捕捉的二氧化碳，千里送往北達科他州，封印在當地地底 7,000 呎深的岩層。主觀上我覺得這是個世紀大白象工程，得不償失！

不過至目前為止，不少國家都空有「碳中和」的目標，連具體路線圖和執行方案也沒有。這是個複雜的政治、經濟及環境課題，我也沒有解決方案。只是說回真菌，真菌可以串連「碳捕捉」、「碳封存」和植樹造林三大方向，達成我們多個目標。

相對而言，在現時的碳封存技術中，製作生物炭則是一種成本較低的手段。那生物炭怎樣做呢？它是在缺氧環境下，以 500-800°C 加熱生物殘渣（如木材、動物糞便、污泥、堆肥、草屑和樹葉）而形成的產物，這一過程被稱為「熱解」(Pyrolysis)。這樣做，城市產生的有機垃圾中的碳就可長期封存。

那將生物炭儲存在地下，對土壤會有什麼影響？ 2021 年，澳洲新南威爾斯大學教授史提芬・約瑟夫 (Prof. Stephen Joseph)，分析過去 20 年發表的生物炭的研究，指出生物炭是個理想的土壤改良劑。添加生物炭後，農作物產量可平均增加 10%-42%，增幅最大的，是在熱帶地區常見的低養分磷酸性土壤，和旱地沙質土壤。約瑟夫認為，添加生物炭最重要的優點，是保留養分和持水能力；若妥善生產和好好使用生物碳，到 2050 年，全球每年可減少 3 億至 6.6 億噸二氧化碳。[7] 相對於花費巨大的大型工程，我認為這是比較可行的碳封存手段，既減碳、用廢，又增加糧食。

7　Joseph, S. et al. (2021). How biochar works, and when it doesn't: A review of mechanisms controlling soil and plant responses to biochar. *GCB Bioenergy*, 13, 1731-1764. https://doi.org/10.1111/gcbb.12885

指生物碳可改良土壤，背後建基於一些觀察。科學家發現，土壤中的真菌很喜歡住在生物炭之內，因為它是個有很多細孔洞的結構，小小的一塊，實際表面面積甚大，可容讓水分留在孔隙之中，促進真菌的繁殖和存活。日本最具影響力的生物炭研究者小川誠博士（Makoto Ogawa）便是這方面的先驅。他在過去 60 年的生物炭試驗和研究中，逐漸發現生物炭是真菌的合適載體（Inoculant Carrier）。據他的研究，在使用真菌與生物炭作肥料和土壤改良劑後，農作物強壯了、產量高了、質量也提升，實在是值得鼓舞的結果。[8] 荷蘭瓦赫寧根大學於2019 年發表了一份長達 46 頁的研究報告，探討生物炭與木黴菌混合使用對水果生長的效果，結果則發現使用後，增加了約 5-10% 的水果產量。[9]

2019 年，我接受香港政府路政署的邀請，研究木黴菌與生物炭如何應用在受褐根病侵染的石牆樹下，目標是促進病樹的健康。生物炭的作用，一方面是把本地修樹塌樹的木材廢物回收循環，達至減碳及碳封存效果；另一方面，它是土壤改良劑，改善土壤的條件。至於木黴菌，則是一種抗菌劑，可以抑制對樹木有害的真菌疾病，而生物炭便是木黴菌的居所，有助延長其功效。於是當生物碳和真菌結合起來，原來可以守護石牆樹這道美麗的城市街道風景。

由於生物炭可以跟真菌互相結合，未來也可以大規模應用於植樹造林，在貧瘠、退化的土壤和荒漠化的地區植樹。這是真菌與「碳中和」概念完美契合的一個示範，實現地球可持續發展的重要手段。

當然最重要的，還包括保育原來森林，停止砍伐。那裡既是吸收大量二氧化碳的地方，更是無數物種的家園，歷經漫長歷史，保留了地球豐富的生物多樣性，不是人類能輕易種植出來的。

8　McGreevy, S. R., Shibata, A., Tanabiki, Y. (2016). Biochar in Japan: Makoto Ogawa recalls a lifetime of work on biochar, fungi, and plant growth interaction. *the Biochar Journal*. https://www.biochar-journal.org/en/ct/75

9　https://research.wur.nl/en/publications/biochar-as-a-carrier-trichoderma-harzianum-on-biochar-to-promote-

關於未來的
一些想法

想像一下我們的未來⋯⋯20多年後的今天是個什麼樣的世界？

的確有不少學者有興趣預測未來，而且聚焦了一個年份：
2045年。其中一位未來學家，美國電腦奇材雷蒙・庫茲維爾
（Ray Kurzweil）在2005年出版的《奇點迫近：當人類超越
生物學限度》中預測，奇點（Singularity）將會在2045年來
到。按照他的預測，屆時電腦的智慧將會超越人腦，未來人類
或者會與電腦融為一體，人工智慧AI將幫助人類擺脫生老病
死。然而，自從ChatGPT人工智慧聊天機器人程式面世，也
有人認為奇點將會加速迫近。

那麼，2045年將是一個怎樣的世界？

我嘗試綜合各種推測和想像，連同我自己的願望，大膽描繪
如下：

到了2045年，世界上不少國家，包括瑞典和德國，已經以
法律的約束力把化石燃料淘汰，並達成了「碳中和」。至於法
國、丹麥、西班牙、匈牙利、盧森堡和香港，則還有五年（即
2050年）才達至這里程碑。世界上很多嚴重污染地區重現藍
天，雖然海洋塑膠問題仍然嚴重，但總算稍為緩和。各國積極
發展再生能源，並廣泛應用於飛機、汽車及輪船，已達成零排
放的目標。真菌燃料電池和真菌輔助生產的生物燃料，亦漸受
重視。

在醫學上，人工智慧公司研發的醫學演算法工具，已經可以應用於醫學影像分析、臨床決策、電子病歷管理、基因組分析、藥物研發及醫療機器人等領域之上，人類將更有能力應對疾病。靠著 AI，人類亦可以實時監測身體狀況，隨時以個人化的模式定制藥物，補充身體缺乏的營養和不足的微生物菌群。到此時，人類各種生理難題，包括生物的生長機理、環境的無常變化、如何改良化學結構，都難不了 AI。到時候，100 歲甚至可以感覺如同 50 歲，抗衰老機制已被破解。人類亦將更了解菇菌的醫藥用途，知道它們在癌症免疫治療上是個可靠的選擇。

工作方面，到了 2045 年，AI 將大大提升工作效率，部分工種已經被 AI 取替。這將加速中產階層失業，進一步加劇貧富懸殊，社會上的自由工作者及斜槓族比例將會更高，他們享有自由，同時缺乏保障。仍有工作機會的白領一族，則將更習慣遠端工作和網上會議，不用一天到晚坐在辦公室裡。經濟條件較優越的人，將傾向住在郊區，遠離市區污染，更可跟隨 AI 在家運動。他們更可以邊工作，邊旅遊，皆因自動翻譯軟件打破了人類語言上的隔閡，讓人溝通無間。

到時候，世界上亦將有更多偽造影片、相片，似是而非的假資訊，稱為「深偽技術」(Deepfake)，並會衍生一個「打偽」或「鑑真」的行業。當大數據與物聯網結合操作，人類的私隱亦將更加缺乏保障，得時時憂慮個人權利被侵犯，每天活在監控之下。那時，世界上將會有很多突設的「斷網區」，讓部分人可以紓緩一下被監控的壓力。人類將繼續探索外星移民的奇想，已取得一定進展，並開始在太空買地建房。

綜合以上，到那時候，人類對「科技」的態度將會更加愛恨交纏，一方面覺得獲取信息是理所當然的，同時也害怕有朝一日 AI 會稱霸世界，自己會被 AI 完全操控。

關於未來，牛津大學人類未來研究所所長尼克・博斯特羅姆教授（Nick Bostrom）提出過一個「超人類主義形式」理論，這是一種哲學觀點，希望超人類主義者通過負責任地使用科學、技術和其他合理手段，讓人類更聰明、更長壽、更富同理心，擁有比現在人類更強大的能力，他稱這些人為「後人類」。但我認為，這實行起來並不容易，因為人類在修養上未必可以追得上科技的發展。

我只是積極寄望，去到令人又期待又擔心的 2045 年，人類將更樂於認識和重視真菌，與真菌之間的關係已變得更加密切。而這些變化將推動真菌研究和應用，更好地貢獻地球上的整個生態系統，包括人類和其他生命。

最後，簡單回顧一下本書的內容。我先是回顧了真菌在地球建立初期扮演的重要角色；再看它們其後如何在人類歷史上，造就了各種意識與文明；又無意中背負了深被畏懼的污名印象，在歷史的推演中漸漸成為我們的良師及好友；並在不同領域上展現了滿滿的潛力與魅力，指向未來。

我希望讀者都能感受到，如果我們更認識和重視真菌，它們將會在食品、醫學、環境保護、農業、工業、能源、替代物料等領域上，成為一道突破人類知識界限的鑰匙，是跟我們共同邁向未來的伙伴。

本書著重的是科學探究精神，即是重視建立一個系統化的過程，沿途持續驗證和修正最初的假設。這些假設的構思始於一個研究方向、數個問題，通常是對前人思想的發展或挑戰，往往引發討論，甚至是相反的意見。所謂科學精神，指的是並不跟隨個別的意見或觀點，而是透過有力的論據，包括各種統計分析，才去立下結論。這種態度，可以提高研究結果的可靠程度，盡量避免受個人因素所左右。

在這裡再次借用學者霍斯維夫教授（David Hawksworth）的說法，本書所關心的真菌學，其實便是一種「被忽略的超級科學」（A Neglected Megascience），值得更多科學家和專家投身研究，發掘真菌複雜的運作機理和應用價值。同時大眾亦應該更關注和重視真菌，認識它們在可持續發展中的重要意義，並且參與真菌應用的推廣和實踐。

以下是我為預備 2045 年提出的問題：

如何培育更多真菌專業人才，推動真菌研究的發展？
如何保護和保存珍稀的真菌物種？
真菌研究需要哪些跨學科合作？
如何在真菌研究和應用中兼顧普及和專業化的發展？
如何將真菌研究成果應用於實際生產和生活中？
真菌在文化、藝術和哲學領域的意義和價值是什麼？
真菌在未來科技和產業中的前景將是如何？
如何借助真菌之力來醫治人類的疾病？
如何借用真菌來解決食品安全和營養不良問題？
如何邀請真菌前來幫忙改善農業生產效率和品質？

如何邀請真菌解決人類的污染和廢棄物處理問題？
如何加強真菌的分解師身份，替代塑料成為生物可降解的材料？
如何提升真菌在可持續能源發展中的角色？
如何把真菌研究應用於太空探索之中？
最後，不免「利用」真菌之餘，我們又可如何尊重真菌這種生命？

以上問題，希望讀者繼續對真菌保持好奇，繼續開拓我們與真菌的共同未來！

附錄

香港菇菌圖鑑

毒 = 已確認為有毒品種

慎 = 科學上並未一致確認是否有毒，屬毒性不明，須審慎使用

木生條孢牛肝菌 *Boletellus emodensis* 慎

二年殘孔菌
Abortiporus biennis

小托柄鵝膏　毒
Amanita farinosa

格紋鵝膏　毒
Amanita fritillaria

褐頂黃緣鵝膏菌　慎
Amanita fuscoflava

擬卵蓋鵝膏　毒
Amanita neoovoidea

歐氏鵝膏　毒
Amanita oberwinklerana

假褐雲斑鵝膏　毒
Amanita pseudoporphyria

毛木耳
Auricularia cornea

寬鱗多孔菌
Bresadolia uda

紫色禿馬勃
Calvatia lilacina

小雞油菌
Cantharellus minor

金赤擬鎖瑚菌
Clavulinopsis aurantiocinnabarina

三硫色蘑菇 *Agaricus trisulphuratus* 慎

褐紅炭褶菌 *Anthracophyllum nigritum*

肉桂色集毛菌 *Coltricia cinnamomea*

小笠原靴耳 *Crepidotus boninensis* 慎

紡錘形擬鎖瑚菌
Clavulinopsis fusiformis

紅擬鎖瑚菌
Clavulinopsis miyabeana

皺紋斜蓋傘
Clitopilus crispus

褐環褶菌
Cyclomyces fuscus

桂花耳
Dacryopinax spathularia

杯狀花耳
Dacrymyces cupularis

粗硬春孔菌
Earliella scabrosa

近江粉褶蕈　毒
Entoloma omiense

樹舌靈芝
Ganoderma applanatum

南方靈芝
Ganoderma australe

赤芝
Ganoderma lingzhi

熱帶靈芝
Ganoderma tropicum

異味鵝膏 毒
Amanita kotohiraensis

大鵝膏 毒
Amanita macrocarpa

長柄金牛肝菌
Aureoboletus longicollis

關羽美柄牛肝菌
Caloboletus guanyui

隱紋條孢牛肝菌 毒
Boletellus indistinctus

章魚鬼筆
Clathrus archeri

近杯狀斜蓋傘
Clitopilus subscyphoides

毛頭鬼傘
Coprinus comatus

簇生鬼傘 毒
Coprinellus disseminatus

晶粒鬼傘 毒
Coprinellus micaceus

黏靴耳
Crepidotus mollis

隆紋黑蛋巢菌
Cyathus striatus

細籠頭菌 *Ileodictyon gracile* 慎

葉生小皮傘 *Marasmius epiphyllus*

木生地星
Geastrum mirabile

尖頂地星
Geastrum triplex

綠褐裸傘　毒
Gymnopilus aeruginosus

熱帶紫褐裸傘　毒
Gymnopilus dilepis

華麗海氏蘑菇
Heinemannomyces splendidissimus

杏橘濕傘
Hygrocybe apricosa

雞油濕傘
Hygrocybe cantharellus

小紅濕傘
Hygrocybe miniata

變綠粉褶菌
Inocephalus virescens

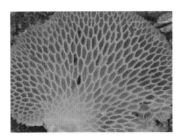

大孔多孔菌
Lentinus alveolarius

翹鱗香菇
Lentinus squarrosulus

玫瑰紅小皮傘
Marasmius pulcherripes

金黃鱗蓋菌 *Cyptotrama chrysopeplum*

珠雞斑白鬼傘 *Leucocoprinus meleagris* 毒

長根小奧德蘑
Hymenopellis radica

裂絲蓋傘　毒
Inocybe rimosa

漏斗多孔菌
Lentinus arcularius

紅褐環柄菇　毒
Lepiota rubrotincta

純黃白鬼傘　毒
Leucocoprinus birnbaumii

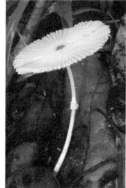

脆黃白鬼傘
Leucocoprinus fragilissimus

五稜散尾鬼筆
Lysurus mokusin

紫條溝小皮傘
Marasmius purpureostriatus

琥珀小皮傘
Marasmius siccus

酒紅小蘑菇
Micropsalliota laterita var vinaceipes

潔小菇　毒
Mycena pura

蟻蛇形線蟲草
Ophiocordyceps myrmecophila

扇形小孔菌
Microporus affinis

亮麗衣瑚菌
Multiclavula clara

亞白環黏小奧德蘑
Oudemansiella submucida

蝶形花褶傘　毒
Panaeolus papilionaceus

小扇菇
Panellus pusillus

野生革耳
Panus neostrigosus

蒼白赭孔多年臥孔菌
Perenniporia ochroleuca

藍頂褐鎖瑚菌　慎
Phaeoclavulina cyanocephala

紅果褶孔牛肝菌
Phylloporus rubiginosus

側耳
Pleurotus ostreatus

古巴裸蓋菇　毒
Psilocybe cubensis

黑紫紅孢牛肝菌　毒
Porphyrellus nigropurpureus

靛藍乳菇　*Lactarius indigo*

長裙竹蓀　*Phallus indusiatus*

褐剛毛小菇 *Mycena brunneisetosa*

暗藍小菇　*Mycena lazulina*

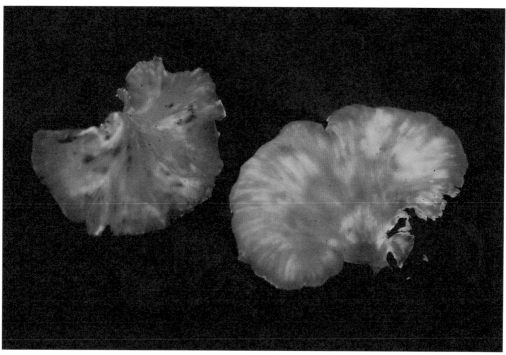

新假革耳　*Neonothopanus nambi*　毒

黃裙竹蓀 毒
Phallus multicolor

薄邊假稜孔菌
Pseudofavolus tenuis

金粒粉牛肝菌 毒
Pulveroboletus auriflammeus

瘦臍菇
Rickenella fibula

點柄臭黃菇 毒
Russula senecis

銅綠紅菇
Russula aeruginea

淡紫紅菇 毒
Russula lilacea

美麗草菇
Volvariella speciosa

金黃硬皮馬勃 毒
Scleroderma aurantium

闊裂松塔牛肝菌 慎
Strobilomyces latirimosus

疣蓋松塔牛肝菌 慎
Strobilomyces verruculosus

毛蜂窩菌
Trametes apiaria

松塔牛肝菌　*Strobilomyces strobilaceus* 慎

丁香色假小孢傘 *Pseudobaeospora lilacina*

東方栓菌 *Trametes orientalis*

丸形小脆柄菇
Psathyrella piluliformis

血紅密孔菌
Pycnoporus sanguineus

黑灰網柄牛肝菌　毒
Retiboletus nigerrimus

雙孢羅葉腹菌
Rossbeevera bispora

玉紅牛肝菌
Rubinoboletus ballouii

日本紅菇　毒
Russula japonica

皺蓋血芝
Sanguinoderma rude

血芝
Sanguinoderma rugosum

裂褶菌
Schizophyllum commune

蠔韌革菌
Stereum ostrea

小蟻巢傘
Termitomyces microcarpus

真根蟻巢傘
Termitomycetes eurrhizus

掌狀革菌　慎
Thelephora palmata

波卡斯栓菌
Trametes pocas

雲芝
Trametes versicolor

茶色銀耳
Tremella foliacea

銀耳
Tremella fuciformis

草菇
Volvariella volvacea

金絲趨木菌
Xylobolus spectabilis

暗紅團網黏菌 *Arcyria denudata*

細弱絨泡黏菌 *Physarum tenerum*

灰團網黏菌
Arcyria cinerea

黃垂團網黏菌
Arcyria nutans

鵝絨黏菌
Ceratiomyxa fruticulosa

杯狀半網黏菌
Hemitrichia calyculata

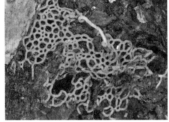

蛇形半網黏菌
Hemitrichia serpula

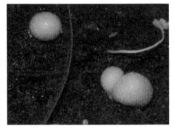

粉瘤菌
Lycogala epidendrum

長尖團毛黏菌
Trichia decipiens

叢立筒黏菌
Tubifera microsperma

褐髮網菌
Stemonitis fusca

中國毛杯菌　慎
Cookeina sinensis

柱形蟲草
Cordyceps cylindrica

紅硬雙頭孢菌
Dicephalospora rufocornea

爪哇肉盤菌
Trichaleurina javanica

中華歪盤菌　慎
Phillipsia chinensis

香港炭角菌
Xylaria hongkongensis

開拓人類與真菌的共同未來

EXPLORING THE COMMON FUTURE OF MANKIND AND FUNGI

鄧銘澤——著　潘鑽霞——繪

		攝影	
文字編輯	吳芷寧		
責任編輯	寧礎鋒		
書籍設計	李嘉敏	蘇毅雄	陳濤
出版	三聯書店 (香港) 有限公司	尤偉賢	張力
	香港北角英皇道四九九號北角工業大廈二十樓	伍潔芸	鄧浩兒
	Joint Publishing (H.K.) Co., Ltd.	危令敦	鄧銘澤
	20/F., North Point Industrial Building,	黃嘉慧	Pig Chan
	499 King's Road, North Point, Hong Kong	黃嘉麟	CP Lau
香港發行	香港聯合書刊物流有限公司	黃卓粵	Wan Lai Ching
	香港新界荃灣德士古道二二○至二四八號十六樓	張漢華	Evan Lui
印刷	美雅印刷製本有限公司	方碧家	Frankie Pang
	香港九龍觀塘榮業街六號四樓 A 室	林倩雯	
版次	二○二三年七月香港第一版第一次印刷	簡偉發	
規格	十六開 (170mm × 220mm) 二二四面	郭嘉敏	
國際書號	ISBN 978-962-04-5290-1	袁志基	
		楊北權	
		徐沛源	
		雷晏青	

三聯書店
http://jointpublishing.com

JPBooks.Plus
http://jpbooks.plus